普通高等教育电子信息类专业系列教材

Arduino
编程与实践

》》主编 曹建建

西安交通大学出版社
XI'AN JIAOTONG UNIVERSITY PRESS

国 家 一 级 出 版 社
全国百佳图书出版单位

图书在版编目(CIP)数据

Arduino 编程与实践 / 曹建建主编. — 西安：西安
交通大学出版社，2020.9 (2022.3 重印)

ISBN 978 - 7 - 5605 - 7391 - 5

Ⅰ. ①A…　Ⅱ. ①曹…　Ⅲ. ①单片微型计算机-程序
设计　Ⅳ. ①TP368.1

中国版本图书馆 CIP 数据核字(2020)第 122989 号

书　　名	Arduino 编程与实践
主　　编	曹建建
责任编辑	郭鹏飞
责任校对	陈　昕

出版发行	西安交通大学出版社
	(西安市兴庆南路 1 号　邮政编码 710048)
网　　址	http://www.xjtupress.com
电　　话	(029)82668357　82667874(发行中心)
	(029)82668315(总编办)
传　　真	(029)82668280
印　　刷	陕西龙山海天艺术印务有限公司

开　　本	787mm×1092mm　1/16	印张 14	字数 325 千字
版次印次	2020 年 9 月第 1 版　2022 年 3 月第 2 次印刷		
书　　号	ISBN 978 - 7 - 5605 - 7391 - 5		
定　　价	39.00 元		

如发现印装质量问题,请与本社发行中心联系、调换。

订购热线:(029)82665248　(029)82665249

投稿热线:(029)82665397

读者信箱:21645470@qq.com

前　言

在"大众创业，万众创新"的时代背景下，人才的培养方法和模式也应该满足当前的时代需求。作者依据当今信息社会的发展趋势，结合 Arduino 开源硬件的发展及智能硬件的发展要求，探索基于创新工程教育的基本方法，并将其提炼为适合我国国情、具有自身特色的创新实践教材。

Arduino 是一款开源免费的软硬件平台。其价格低廉、支持海量的传感器、控制器和制动器等设备，具备跨平台、快速开发等重要优点，因而被广泛用于消费性电子产品中。随着国内物联网技术转入实际应用，Arduino 还被广泛应用于智能家居控制领域。同时，由于 Arduino 开发迅速，很多创业团队大量采用 Arduino 开发原型机。相比传统 C51 复杂的开发过程，Arduino 更简单、方便、快速，也被越来越多的高校作为电子设计的首选平台。

由于 Arduino 的硬件和软件全部采用开源策略，所以它支持海量的周边设备，并具备与之配套的第三方代码库。这造就了 Arduino 的最大优势，但对 Arduino 开发者和初学者却造成了极大困扰：初学者为海量的资源所迷惑，而开发者为寻找满足需要的设备型号和对应的配套库而头疼不已。

本书充分考虑了 Arduino 发展和应用现状，在内容涉及方面扩展到各类常用器件和热门器件，以帮助初学者扩展视野，发现 Arduino 真正的价值。而在开发角度，本书广泛涉及官方和第三方的各种代码库，给开发者提供更多的建议。

一、本书特色

1.内容丰富，知识全面

全书共分 11 章，采用从基础到复杂、循序渐进地进行讲解，内容几乎涉及了 Arduino 开发的各个方面。

2.循序渐进，由浅入深

为方便读者学习，本书首先介绍 Arduino 的背景以及发展过程，在安装好开发环境后从串口通信、LED 闪烁程序讲起，由点到面，层层深入到编译原理、操作系统的知识，从单片机深入到内核，以小例子开始深入到复杂的案例，层次分明，引人入胜。

3.格式统一，讲解规范

书中每个知识点都尽可能给出了详尽的操作示例供读者参考，通过编程实践可以使读者更清晰地了解每个知识点的细节，提高学习效率。讲解过程中对初学者容易忽略的地方，都给出了详尽的图文说明。

4.带源代码，提高学习效率

本书提供的实验代码都做到尽可能精炼，以便突出重点，让读者短时间内了解程序结构和逻辑。所有实验代码均通过测试，读者可以拿来即用，也可以在调试过程中参考。

5.立德树人，课程思政进课堂

2016 年全国高校思想政治工作会议提出："要坚持把立德树人作为中心环

节,把思想政治工作贯穿教育教学全过程,实现全程育人、全方位育人,努力开创我国高等教育事业发展新局面。"为了落实该精神,充分用好课堂教学这个主渠道,本书在每章节后加入"科学精神培养"内容,引导学生将所学的知识转化为内在品德,转化为一种素质素养,传承中华美德,激励大学生的理想信念,从而实现"传道授业解惑,诠释大学之道"德智相融的目标。

二、本书内容及体系结构

本书分为 11 个章节,主要内容规划如下:

第 1 章～第 5 章 Arduino 入门及软硬件基础。主要内容包括 Arduino 概述、电路设计软件 Fritzing、ArduinoIDE 的安装与使用和 Arduino 编程语言基础。通过本部分内容的学习,读者可以对 Arduino 的设计理念、型号,以及设计软件和语言有最基本的掌握。

第 6 章 Arduino 项目开发流程。本章主要内容包括 Arduino 项目规划与设计,硬件搭建方法及注意事项,软件编程及编程注意事项,项目验证方法。

第 7 章 Arduino 基础实例演练。这个章节中包括串口通信、LED 闪烁、按键、电位器、蜂鸣器实验。通过本章的学习,读者可以掌握最常用的 Arduino 的工作原理、电路连接和程序示例。

第 8 章～10 章高级实例演练。这几章主要介绍显示控制、电机及其他常用传感器,通过对这三个章节的学习,可以将之前使用的器件组合起来使用,并且可以学习一些软件开发方面的思想。

第 11 章 Arduino 与无线通信。本章主要介绍 Arduino 的几种通信方式,实现远程智能控制设计,以及激发其他创意类开发案例。

三、本书配套资源

本书提供了示例源程序和相关安装包等丰富的配套资源,以方便读者学习,配套资源主要有以下几类:

(1)相关操作系统平台的 Arduino IDE 环境安装包;

(2)电子模块的 Arduino 类库安装包(Zip);

(3)实验所需要的小工具软件:Fritzing 软件,取模软件等;

(4)Arduino 函数速查中文版手册。

四、本书读者对象

Arduino 入门者与电子设计爱好者;高等院校的学生;电子产品设计人员;创客教学及创客培训机构学员;学习相关课程的大学生。

五、本书作者

本书由曹建建任主编。第 7.3～7.5,9.3 节由王燕编写,并对相关程序进行了多次实验验证;第 7.1,7.2,8.4 节由王红敏编写,并对相关程序进行了多次实验验证;第 10.3 节由郭芳辰编写,并对相关程序进行了多次实验验证;其余章节由曹建建编写。参与编写的人员还有雷志勇、高梁、程婕。工业中心的领导同仁们在本书的编写过程中也给予了大力支持并提出宝贵的意见,在此表示感谢。

由于作者的水平有限,书中不当及错误之处在所难免,衷心地希望各位读者多提宝贵意见及具体的整改措施,以便作者进一步修改和完善,最后顺祝各位读者读书快乐。

编者于西安工业大学
2020 年 1 月

目　录

第 1 章　Arduino 入门

　　Arduino 是一个开源的开发平台,在全世界范围内,成千上万的人正在用它开发制作一个又一个的电子产品,这些电子产品种类繁多,从平时生活的小物件到时下流行的 3D 打印机,Arduino 降低了电子开发的门槛,即使从零开始也能迅速上手,制作有趣的电子产品,这便是开源 Arduino 的魅力。通过本书的介绍,读者对 Arduino 会有一个更全面的认识。

　　本章主要涉及以下知识点:
- 什么是 Arduino?
- Arduino 的特点有哪些?
- Arduino 与创客文化及其应用。

1.1　什么是 Arduino

　　什么是 Arduino? 相信很多读者都会有这个疑问,也需要一个全面而准确的答案。不仅是读者,很多使用 Arduino 的人对这个问题也许都难以给出准确的说法,甚至认为手中的开发板就是 Arduino,其实这并不准确。那么,Arduino 究竟该如何理解呢?

　　Arduino 不只是电路板。Arduino 是一种开源的电子平台,该平台最初主要基于 AVR 单片机的微控制器和相应的开发软件,目前在国内正受到电子发烧友的广泛关注。自从 2005 年 Arduino 横空出世以来,其硬件和开发环境一直进行着更新迭代。现在 Arduino 已经有十几年的发展历史,因此市场上称为 Arduino 的电路板已经有各式各样的版本了。Arduino 开发团队正式发布的是 Arduino UNO 和 Arduino Mega 2560,如图 1-1 和图 1-2 所示。

图 1-1　Arduino UNO R3

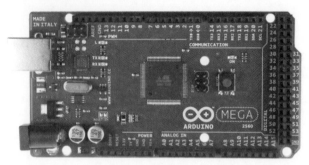

图 1-2 Arduino Mega 2560 R3

Arduino 项目起源于意大利,Arduino 在意大利是男性用名,音译为"阿尔杜伊诺",意思为"强壮的朋友",通常作为专有名词,在拼写时首字母需要大写。其创始团队成员包括:Massimo Banzi、David Cuartielles、Tom Igoe、Gianluca Martino、David Mellis 和 Nicholas Zambetti 6 人。Arduino 的出现并不是偶然,Arduino 最初是为一些非电子工程专业的学生设计的。设计者最初为了寻求一个廉价好用的微控制器开发板,之后决定自己动手制作开发板,Arduino 一经推出,因其开源、廉价、简单易懂的特性迅速受到了广大电子迷的喜爱和推崇。即便不懂电脑编程的人员,利用这个开发板也能用 Arduino 做出炫酷、有趣的东西,比如对传感器探测做出一些回应、闪烁灯光、控制电动机等。

Arduino 的硬件设计电路和软件都可以在其官方网站上获得,正式的制造商是意大利的 SmartProjects(www.smartprj.com),许多制造商也在生产和销售他们自己的与 Arduino 兼容的电路板和扩展板,但是由 Arduino 团队设计和支持的产品需要始终保留着 Arduino 的名字。所以,Arduino 更加准确地说是一个包含硬件和软件的电子开发平台,具有互助和奉献的开源精神以及团队力量。

1.2 Arduino 的特点

1. 跨平台

Arduino IDE 可以在 Windows、Macintosh OS X、Linux 三大主流操作系统上开发,而其他大多数的控制器只能在 Windows 上开发。

2. 简单清晰易掌握

Arduino 对于初学者来说极易掌握,同时有着足够的灵活性,使用高速的微处理控制器(ATMEGA328)。使用者不需要掌握太多的单片机和编程基础知识,简单学习后,可以快速地进行开发。Arduino 开发语言和环境都非常简单、易理解,下载程序也简单、方便,非常适合初学者学习。

3. 开放性

Arduino 的硬件原理图、电路图、IDE 软件及核心库文件都是开源的,在开源协议范围内可以任意修改原始设计及相应代码。开发界面免费下载,也可依需求自己修改。可简单地与传感器、各式各样的电子元件连接(如:LED 灯、蜂鸣器、按键、光敏电阻等)。

4. 发展迅速

Arduino 不仅仅是全球最流行的开源硬件，也是一个优秀的硬件开发平台，更是硬件开发的趋势。Arduino 简单的开发方式使得开发者更关注创意与实现，能更快地完成自己的项目开发，大大节约了学习成本，缩短了开发周期。

1.3　Arduino 与创客文化

Arduino 自诞生以来，简单、廉价的特点使其迅速风靡全球。本节将对 Arduino 发展的特点和未来的发展趋势做一点总结和展望。

在介绍 Arduino 发展前景之前，首先需要了解逐渐兴起的"创客"文化。什么是"创客"？"创客"一词来源于英文单词"Maker"，指的是不以盈利为目标，努力把各种创意转变为现实的人。创客文化兴起于国外，经过一段时间红红火火的发展，如今已经成为一种潮流。国内也不示弱，一些硬件发烧友了解到国外的创客文化后被其深深吸引，经过圈子中的口口相传，大量的硬件、软件、创意人才聚集在了一起。各种社区、空间、论坛的建立使得创客文化在中国真正流行起来。北京、上海、深圳已经发展成为中国创客文化的三大中心。

那么，是什么推动创客文化如此迅猛发展呢？众所周知，硬件的学习和开发是有一定的难度的，人人都想通过简单的方式实现自己的创意，于是开源硬件应运而生，而开源硬件平台中知名度较高的应该就是日渐强大的 Arduino 了。

Arduino 作为一款开源硬件平台，一开始设计的目标人群就是非电子专业人员，尤其是让艺术家们学习使用，让他们能更容易地实现自己的创意。当然，这不是说 Arduino 性能不强、有些业余，而是表明 Arduino 很简单、易上手。Arduino 内部封装了很多函数和大量的传感器函数库，即使不懂软件开发和电子设计的人也可以借助 Arduino 很快创作出属于自己的作品。可以说 Arduino 与创客文化是相辅相成的。

一方面，Arduino 简单易上手和成本低廉的这两大优势让更多的人能有条件和能力加入创客大军；另一方面，创客大军的日益扩大也促进了 Arduino 的发展。各种各样的社区、论坛的完善，不同的人、不同的环境、不同的创意每时每刻都在对 Arduino 进行扩展和完善。在 2011 年举行的 Google I/O 开发者大会上，Google 公司发布了基于 Arduino 的 Android Open Accessory 标准和 ADK 工具，这使得大家对 Arduino 的发展前景十分看好。

国内外 Arduino 社区良好的运作和维护使得几乎每一个创意都能找到实现的理论和实验基础，相信随着社会的发展和人们对生活创新的追求，会有越来越多的人听说 Arduino、了解 Arduino、玩转 Arduino。

1.4　Arduino 的应用领域

Arduino 可以快速与 Adobe Flash、Processing、Max/MSP、Pure Data、Super Collider 等软件结合，做出互动作品。Arduino 可以使用现有的电子元件，例如开关、传感器、其他控制器件、LED、步进电机或其他输出装置。Arduino 也可以独立运行，并与软件进行交互，例如：Macromedia Flash、Processing、Max/MSP、Pure Data、VVVV 或其他互动软件。Arduino 在各类大学生学科竞赛、家电领域、交通领域、仪器仪表、工业控制等方面都应用广泛。

科学精神培养

勤奋求知

　　科技人员要勤奋求知。勤奋,指刻苦钻研的好学精神和顽强不息的实干品格,是获得知识的根本途径,是通向科学高峰的阶梯。掌握知识,把知识转化为物质成果,需要经过艰苦而复杂的脑力劳动。只有勤奋好学、锲而不舍,才能成为知识的主人。

　　探索自然界的未知领域,常常是人迹未到、荆棘丛生,没有一马平川的坦途可走,科技人员没有勤奋的精神,不可能到达未开垦的荒地。

　　当今知识更新周期加快,继承和学习别人积累的科学文化知识的困难度也与日俱增。科技人员没有顽强不息、勤奋求知的精神,难以攀登上科学的高峰。

　　科技人员在进行科学活动过程中,常常要连续工作,一鼓作气、坚持到底,顾不上白天黑夜,也顾不上节假日休息。科技人员如果缺乏勤奋的品格,可能错过研究中的重要发现。科学活动还有体力劳动的特点。科学规律的揭示,离不开实验,实验要付出体力劳动,尤其是工程技术,更离不开体力劳动。

本章习题

1. 目前有哪些比较流行的开源硬件?
2. Arduino 有哪些特点?

第 2 章　Arduino 开发基础

本章首先介绍了 Arduino 开发板的种类,包括 Arduino 的各类主板以及扩展板;其次介绍了 Arduino UNO、Arduino Mega 2560 和 Arduino Mini 开发板;然后还介绍了 Arduino 软件开发平台的特点、安装及使用方法。具体内容如下:

- Arduino 开发板的种类;
- Arduino 常用开发板 UNO 板及 Mega 2560 开发板;
- Arduino 软件开发平台的特点、安装及使用。

2.1　Arduino 开发板的种类

在了解 Arduino 起源之后,接下来对 Arduino 硬件和开发板,以及其他扩展硬件进行初步了解和学习。Arduino 的硬件开发板有许多型号,它是一个单片机集成电路,它的核心就是一个单片机,开发板上的其他电路用来供电和转换信号。官方 Arduino 使用的是 megaAVR 系列的芯片,特别是 ATmega 8、ATmega 168、ATmega 328、ATmega 1280 以及 ATmega 2560,还有一小部分使用的是 Arduino 兼容的处理器。

2.1.1　Arduino 主板

Arduino 的型号有很多,如下:

- Arduino UNO
- Arduino Leonardo
- Arduino Due
- Arduino Yún
- Arduino Tre
- Arduino Micro
- Arduino Robot
- Arduino Esplora

- Arduino Mega 系列
- Arduino Ethernet
- Arduino Mini
- LiLyPad Arduino 系列
- Arduino Nano
- Arduino Pro 系列
- Arduino Fio
- Arduino Zero

每种电路板外形图详细介绍如下:

1. Arduino UNO 开发板

Arduino UNO 开发板,该开发板基于 ATmega 328,如图 2-1 所示。

图 2-1　Arduino UNO 开发板

2. Arduino Leonardo 开发板

Arduino Leonardo 开发板,该开发板基于 ATmega 32U4 的微控制器,如图 2-2 所示。

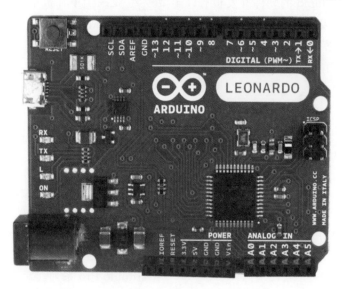

图 2-2　Arduino Leonardo 开发板

3. Arduino Due 开发板

Arduino Due 开发板,该开发板基于 Atmel SAM3X8E ARM Cortex-M3 CPU 的微控制器。它是第一个基于 32 位 ARM 核心微控制器的 Arduino 板,如图 2-3 所示。

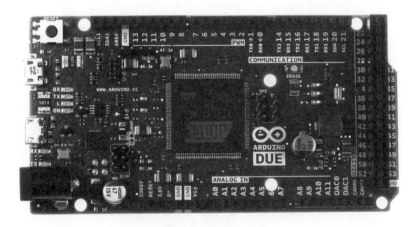

图 2 - 3　Arduino Due 开发板

4. Arduino Yún 开发板

Arduino Yún 开发板,该开发板基于 ATmega 32U4 和 Atheros AR9331 的微控制器板,如图 2 - 4 所示。

图 2 - 4　Arduino Yún 开发板

5. Arduino Tre 开发板

Arduino Tre 开发板,该开发板是第一个在美国制造的 Arduino 板。它使用的是1 GHz 的 Sitara AM335x 处理器,如图 2 - 5 所示。

图 2 - 5　Arduino Tre 开发板

6. Arduino Micro 开发板

Arduino Micro 开发板，该开发板是一个基于 ATmega 32U4 的微控制器板，它是与 Adafruit 联合开发的，如图 2 - 6 所示。

图 2 - 6　Arduino Micro 开发板

7. Arduino Robot 开发板

Arduino Robot 开发板，该开发板是 Arduino 官方推出的第一个圆形板，如图 2 - 7 所示。

8. Arduino Esplora 开发板

Arduino Esplora 开发板，该开发板是源自 Arduino Leonardo 的微控制器板，如图 2 - 8 所示。

图 2 - 7　Arduino Robot 开发板

图 2 - 8　Arduino Esplora 开发板

9. Arduino Mega 系列

Arduino Mega 系列：Arduino Mega、Arduino Mega 2560、Arduino Mega ADK 开发板。

（1）Arduino Mega 开发板，该开发板是基于 ATmega 1280 的微控制器板，如图 2 - 9 所示。

（2）Arduino Mega 2560 开发板，该开发板是为替代 Arduino Mega 而设计的，如图 2 - 10所示。

（3）Arduion Mega ADK 开发板，该开发板在 Mega 2560 的基础上增加了一个 USB 接口，如图 2 - 11 所示。

图 2 - 9　Arduino Mega 开发板

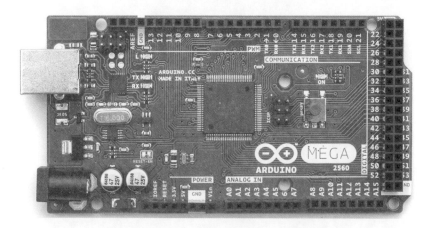

图 2 - 10　Arduino Mega 2560 开发板

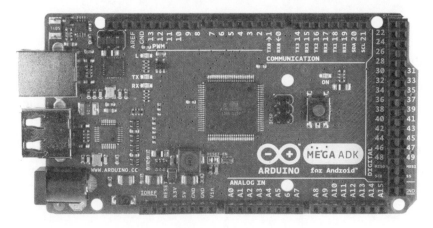

图 2 - 11　Arduino Mega ADK 开发板

10. Arduino Ethernet 开发板

Arduino Ethernet 开发板,该开发板是基于 ATmega 328 的微控制器板,如图 2 - 12 所示。

图 2 - 12 Arduino Ethernet 开发板

11. Arduino Mini 开发板

Arduino Mini 开发板,该开发板最初是基于 ATmega 168 的微控制器板,现在已经改用 ATmega 328,如图 2 - 13 所示。

图 2 - 13 Arduino Mini 开发板

12. LiLyPad 系列开发板

LiLyPad 系列开发板:LiLyPad Arduino、LilyPad Arduino Simple、LilyPad Arduino SimpleSnap 和 LilyPad Arduino USB 开发板。

(1)LiLyPad Arduino 开发板,该开发板是为可穿戴电子产品和电子织物而设计的,如图 2-14 所示。

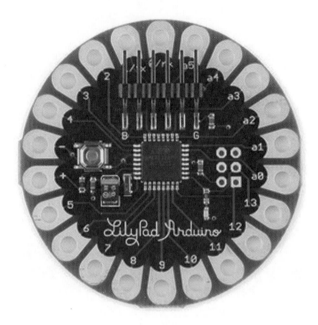

图 2-14 LiLyPad Arduino 开发板

(2)LilyPad Arduino Simple 开发板,该开发板相对 LiLyPad Arduino 来说只有 9 个数字输入输出针脚(其中 5 个拥有 PWM 输出能力),如图 2-15 所示。

图 2-15 LilyPad Arduino Simple 开发板

（3）LilyPad Arduino USB 开发板,该开发板是基于 ATmega 32u4 的微控制器板,如图 2-16所示。

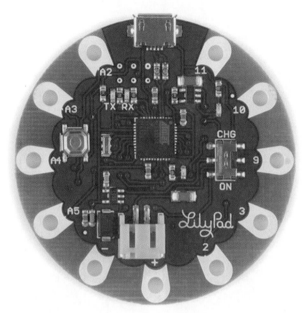

图 2-16　LilyPad Arduino USB 开发板

13. Arduino Nano 开发板

Arduino Nano 开发板,该开发板是一个小巧、完整、面包板友好的基于 ATmega 328 或 ATmega 168 的微控制器板,如图 2-17 所示。

图 2-17　Arduino Nano 开发板

14. Arduino Pro 系列

Arduino Pro 系列：Arduino Pro 和 Arduino Pro Mini 开发板。

（1）Arduino Pro 开发板，该开发板是基于 ATmega 168 或 ATmega 328 的微控制器板，如图 2 - 18 所示。

图 2 - 18　Arduino Pro 开发板

（2）Arduino Pro Mini 开发板，该开发板是 Arduino Pro 的迷你版本，如图 2 - 19 所示。

图 2 - 19　Arduino Pro Mini 开发板

15. Arduino Fio 开发板

Arduino Fio 开发板，该开发板是基于 ATmega 328P 的微控制器板，运行在3.3 V/8 MHz 下，如图 2 - 20 所示。

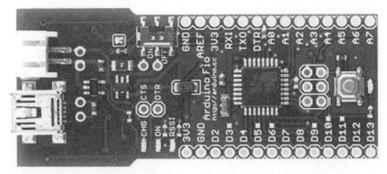

图 2-20　Arduino Fio 开发板

16. Arduino Zero 开发板

Arduino Zero 开发板,该开发板是由 Arduino UNO 衍生而来的 32 位扩展版本,如图 2-21所示。

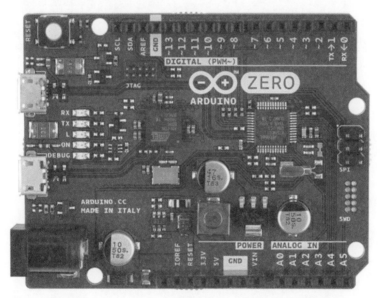

图 2-21　Arduino Zero 开发板

2.1.2　Arduino 扩展板

Arduino 扩展板包括如下种类:

- Arduino GSM 扩展板;
- Arduino Ethernet 扩展板;
- Arduino WiFi 扩展板;
- Arduino Wireless SD 扩展板;
- Arduino Motor 扩展板;
- Arduino Wireless Proto 扩展板;
- Arduino Proto 扩展板。

1. Arduino GSM 扩展板

Arduino GSM 扩展板，可以使 Arduino 通过 GPRS 无线网络连接到 Internet，如图 2-22所示。

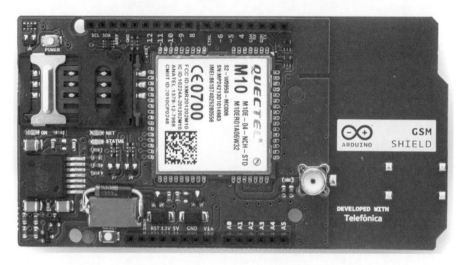

图 2-22 Arduino GSM 扩展板

2. Arduino Ethernet 扩展板

Arduino Ethernet 扩展板，通过该扩展板可以连接到 Internet，如图 2-23 所示。

图 2-23 Arduino Ethernet 扩展板

3. Arduino WiFi 扩展板

Arduino WiFi 扩展板可以让 Arduino 板通过 Wi-Fi 连接到 Internet，如图 2-24 所示。

图 2 - 24　Arduino WiFi

4. Arduino Wireless SD 扩展板

Arduino Wireless SD 扩展板允许 Arduino 板使用无线模块进行无线通信,它是基于
Xbee 模块的,如图 2 - 25 所示。

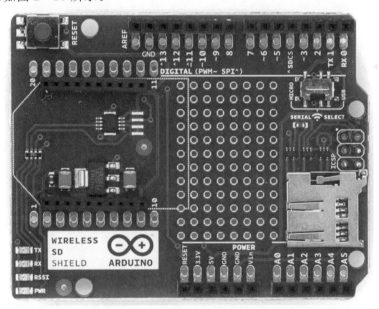

图 2 - 25　Arduino Wireless SD 扩展板

5. Arduino Motor 扩展板

Arduino Motor 扩展板基于 L298,它是设计用来驱动像继电器、螺线管、直流电机和步
进电机这样的感性负载的,如图 2 - 26 所示。

图 2 - 26　Arduino Motor 扩展板

6. Arduino Wireless Proto 扩展板

Arduino Wireless Proto 扩展板与 Arduino Wireless SD 盾板非常类似，如图 2 - 27 所示。

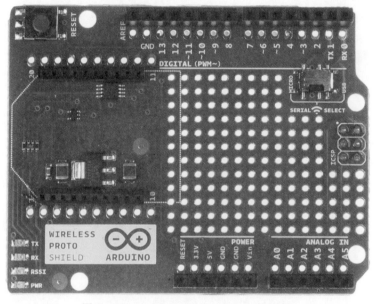

图 2 - 27　Arduino Wireless Proto 扩展板

注意：

Arduino UNO 等常规 Arduino 模型使用的是 Atmel 公司出品的 ATmega 处理器。处理器就像是人的大脑。ATmega 在 5 V 电压下运行，所以常规 Arduino 模型也在 5 V 电压下运行。当然,也有不使用 ATmega 处理器的,比如 Arduino Due 和 Arduino Zero 开发板。这些模型使用的处理器是 ARM. ARMz,在 3.3 V 电压下工作,因此 Arduino Due 和 Arduino Zero 开发板也是在3.3 V 电压下工作。如果电子板连接电压大于 3.3 V 会烧坏主板,使用过程中一定要注意。

2.2　常用 Arduino 开发板

2.2.1　Arduino UNO 开发板

Arduino 开发板设计得非常简洁:一块 AVR 单片机、一个晶振或振荡器和一个 5 V 的直流电源。常见的开发板通过一条 USB 数据线连接计算机。Arduino 有各式各样的开发板,其中最通用的是 Arduino UNO。另外,还有很多小型的、微型的、基于蓝牙和 Wi-Fi 的变种开发板。还有一款新增的开发板——Arduino Mega 2560,它提供了更多的 I/O 引脚和更大的存储空间,并且启动更加迅速。以 Arduino UNO 为例,Arduino UNO 的处理器核心是 ATmega 328,同时具有 14 路数字输入/输出口(其中 6 路可作为 PWM 输出),6 路模拟输入,一个 16 MHz 的晶体振荡器,一个 USB 口,一个电源插座,一个 ICSP header 和一个复位按钮,如表 2 - 1 所示。

表 2 - 1　Arduino UNO 开发板基本概要构成(ATmega 328)

处理器	工作电压	输入电压	数字 I/O 脚	模拟输入脚	串口
ATmega328	5 V	6～20 V	14	6	1
I/O 脚直流电流	3.3 V 脚直流电流	程序存储器	SRAM	EEPROM	工作时钟
40 mA	50 mA	32 KB	2 KB	1 KB	16 MHz

图 2 - 28 所示中对一块 Arduino UNO 开发板功能进行了详细标注。

Arduino UNO 可以通过以下三种方式供电,能自动选择供电方式:

(1)外部直流电源通过电源插座供电;

(2)电池连接电源连接器的 GND 和 VIN 引脚;

(3)USB 接口直接供电,图 2 - 28 所示的稳压器可以把输入的 7～12 V 电压稳定到 5 V。

在电源接口正上方是一个三端 5 V 稳压器,其左侧比较大的引脚上面有 AMS1117 的字样,电源口的电源经过它稳压之后才输入给电路板,电源适配器内也有稳压器,但电池没有。可以理解为它是一个安检员,一切从电源口经过的电源都必须过它这一关,这个"安检员"对不同的电源会进行区别对待。

AMS1117 的片上微调把基准电压调整到 1.5% 的误差以内,而且电流限制也得到了调整,以尽量减少因稳压器和电源电路超载而造成的压力。再者,根据输入电压的不同输出不同的电压,可提供 1.8 V、2.5 V、2.85 V、3.3 V、5 V 的稳定输出,电流最大可达 800 mA,内部的工作原理这里不必去探究,读者只需要知道,当输入 5 V 的电压时输出为 3.3 V,输入

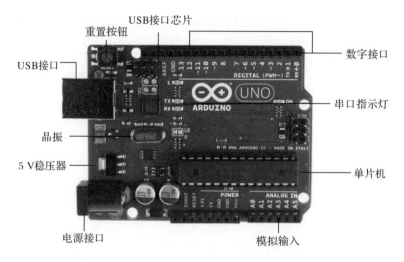

图 2-28   Arduino UNO R3 功能标注

9 V电压时输出才为 5 V,所以用 9 V(9~12 V 均可,但是过高的电源会烧坏电路板)电源供电的原因就在这,如使用 5 V 的适配器与 Arduino 连接,之后连接外设做实验,会发现一些传感器没有反应,这是因为某些传感器需要 5 V 的信号源,可是电路板最高输出只能达到 3.3 V,必然有问题。

重置按钮和重置接口都用于重启单片机,就像重启电脑一样。若利用重置接口来重启单片机,应暂时将接口设置为 0 V 即可重启。

GND 引脚为接地引脚,也就是 0 V。A0~A5 引脚为模拟输入的 6 个接口,可以用来测量连接到引脚上的电压,测量值可以通过串口显示出来。当然也可以用作数字信号的输入输出。

Arduino 同样需要串口进行通信,图 2-28 所示的串口指示灯在串口工作时会闪烁。Arduino 通信在编译程序和下载程序时进行,同时还可以与其他设备进行通信。而与其他设备进行通信时则需要连接 RX(接收)和 TX(发送)引脚。ATmega 328 芯片中内置的串口通信硬件是可以通过同步和异步模式工作的。同步模式需要专用的信号来表示时钟信息,而 Arduino 的串口(USART 外围设备,即通用同步/异步接收发送装置)工作在异步模式下,这和大多数 PC 的串口是一致的。数字引脚 0 和 1 分别标注着 RX 和 TX,表明这两个可以当做串口的引脚是异步工作的,即可以只接收、发送,或者同时接收和发送信号。

2.2.2　Arduino Mega 2560 开发板

Arduino Mega 2560 开发板如图 2-29 所示,是在 Arduino Mega 开发板的基础上升级了芯片,采用了更优秀的 ATmega 2560 单片机,各参数如表 2-2 所示。外观上,Arduino Mega 2560 开发板和 Arduino UNO 板区别不大,UNO 板杜邦接口孔位与 Mega 2560 开发板左边部分孔位完全吻合,使用 UNO 的扩展板只需在程序中对引脚稍作改动,即 UNO 板的所有扩展板都能作为 Mega 2560 的扩展板使用。

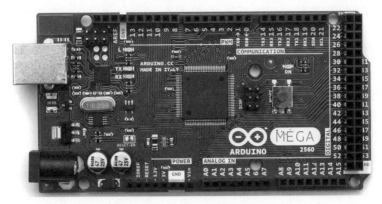

图 2 - 29　Arduino Mega 2560

表 2 - 2　Arduino Mega 2560 开发板基本概要构成

处理器	工作电压	输入电压	数字 I/O 脚	模拟输入脚	UART 接口
ATmega 2560	5 V	6～20 V	54	16	4
I/O 脚直流电流	3.3 V 脚直流电流	程序存储器	SRAM	EEPROM	工作时钟
40 mA	50 mA	256 KB	8 KB	4 KB	16 MHz

模拟输入:模拟信号输入。

数字 I/O:高低电平输入、输出。

通信接口:包括 UART 接口、TWI 总线、ICSP 接头、SPI 总线接口。4 对 UART 接口开发板已表明。开发板内部 ATmega 2560 单片机与 USB 转串口 ATmega 16U2 芯片连接的 UART 接口对应为 RX0、TX0,当下载程序不当时,使用该对接口可能会造成下载错误。另外,20(SDA)、21(SCL)接口即 TWI 总线接口,与开发板左上角两个无 PCB 丝印的杜邦接口相通(顺序相反,左 1 为 SCL,左 2 为 SDA)。

PWM 输出接口:输出 PWM 信号。可输出 8 位 PWM 信号,均可作为数字 I/O 接口使用。除了 PWM 部分 12 个接口,44、45、46 接口也提供 8 位 PWM 输出。Mega 2560 外部中断接口分布在 PWM 输出接口部分和通信接口部分,中断 0～5 分别对应接口序号 2、3、21、20、19、18。

VIN:开发板电源正电压输入接口。

GND:参考地接口,即开发板电源负极,开发板上 5 个 GND 接口互相接通,可用于分流使用。

5 V:经过稳压芯片降压后的 5 V 电压输出接口,开发板上 3 个 5 V 接口互相接通,可用于分流使用。

3.3 V:经过稳压芯片降压后的 3.3 V 电压输出接口。

AREF:模拟输入信号的基准参考电压输入接口。

IOREF:开发板工作电压输出,供扩展板参考,以区分 5 V 工作 Arduino 开发板与 3.3 V 工作开发板,Mega 2560 中该接口与 5 V 接口相连。

RESET:复位信号输入,当输入低电平时复位 Arduino。

ATmega 2560 和 UNO 一样可以通过 Arduino UNO 用以下三种方式供电,能自动选择供电方式:

(1)外部直流电源通过电源插座供电;

(2)电池连接电源连接器的 GND 和 VIN 引脚;

(3)USB 接口直接供电,图 2-28 所示的稳压器可以把输入的 7～12 V 电压稳定到 5 V。

数字接口部分开发板上标有数字的 54 个接口(开发板右边由于开发板形状原因省略了 23、25、27、29 等接口标序,通信接口和 PWM 输出接口也做数字接口。内部上拉电阻为 20 kΩ～50 kΩ,使用上拉电阻需通过程序操作。

2.3 Arduino 软件开发平台

2.3.1 Arduino 平台的特点

在嵌入式开发中,根据不同的功能开发者会用到各种不同的开发平台。而 Arduino 作为新兴开发平台,在短时间内受到很多人的欢迎和使用,这与其设计的原理和思想是密切相关的。

首先,Arduino 无论是硬件还是软件都是开源的,这就意味着所有人都可以查看和下载其源码、图表、设计等资源,并且用来做任何开发都可以。用户可以购买克隆开发板和基于 Arduino 的开发板,甚至可以自己动手制作一个开发板。但是自己制作的不能继续使用 Arduino 这个名称,可以自己命名,比如 Robotduino。

其次,正如 Linux 操作系统一样,开源还意味着所有人可以下载使用,并且参与研究和改进 Arduino,这也是 Arduino 更新换代如此迅速的原因。

Arduino 可以和 LED、点阵显示板、电机、各类传感器、按钮、以太网卡等各类可以输出输入数据或被控制的东西连接,互联网上资源十分丰富,各种案例、资料可以帮助用户迅速制作自己想要的电子设备。

在应用方面,Arduino 突破了传统的依靠键盘、鼠标等外界设备进行交互的局限,可以更方便地进行双人或者多人互动,还可以通过 Flash、Processing 等应用程序与 Arduino 进行交互。

2.3.2 Arduino IDE 的安装

在安装 IDE(Integrated Development Environment),即集成开发环境之前,需要了解一些嵌入式软件的相关知识。

1. 交叉编译

Arduino 做好的电子产品不能直接运行,需要利用计算机将程序烧到单片机中。很多嵌入式系统需要从一台计算机上编程,将写好的程序下载到开发板中进行测试和实际运行。因此跨平台开发在嵌入式系统软件开发中很常见。所谓交叉编译,就是在一个平台上生成另一个平台上可以执行的代码。开发人员在计算机上将程序写好,编译生成单片机执行的程序,就是一个交叉编译的过程。

编译器最主要的一个功能就是将程序转化为执行该程序的处理器能够识别的代码,因为单片机上不具备直接编程的环境,因此利用 Arduino 编程需要两台计算机:Arduino 单片机和 PC。这里的 Arduino 单片机叫作目标计算机,而 PC 则被称为宿主计算机,也就是通用计算机。Arduino 用的开发环境被设计成在主流的操作系统上均能运行,包括 Windows、Linux、Mac OS 三个主流操作系统平台。

2. 在 Windows 上安装 IDE

给 Arduino 编程需要用到 IDE(集成开发环境),这是一款免费的软件。在这款软件上编程需要使用 Arduino 的语言,这是一种解释型语言,写好的程序被称为 sketch,编译通过后就可以下载到开发板中。在 Arduino 的官方网站上可以下载这款官方设计的软件及源码、教程和文档。Arduino IDE 的官方下载地址为 http://arduino.cc/en/Main/Software。

打开网页后,根据提示可以选择相应的操作系统版本,详细安装步骤如下所示。

(1)Windows 操作系统的用户只需单击 Windows Installer,在弹出的对话框中单击"运行"或"保存"按钮即可下载安装 IDE,如图 2-30 所示。

图 2-30　下载 Arduino IDE 安装包

(2)下载完成后,双击鼠标打开安装包,等待进入安装界面,如图 2-31 所示,单击"I Agree"按钮。

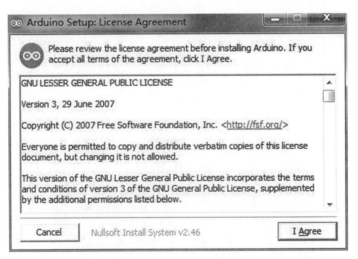

图 2-31　安装界面

(3)显示安装选项,如图 2-32 所示。从上至下的复选框依次为:

①安装 Arduino 软件;

②安装 USB 驱动;

③创建开始菜单快捷方式;

④创建桌面快捷方式；

⑤关联.ino 文件。

Arduino 通过 USB 串口与计算机相连接，所以安装 USB 驱动选项需要选择。写好的 Arduino 程序保存文件类型为.ino 文件，因此需要关联该类型文件。中间两项创建快捷方式则可选可不选。选择完成后单击"Next"按钮。

(4)根据提示选择安装目录，如图2-33 所示。安装文件默认的目录为 C:\Program Files(x86)\Arduino，也

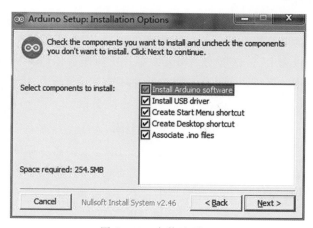

图 2-32 安装选项

可以自行选择其他的安装目录，之后单击"Install"按钮即可进行安装，如图 2-34 所示。

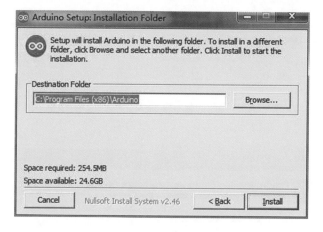

图 2-33 选择安装目录

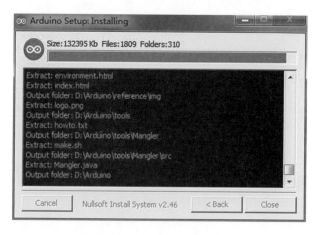

图 2-34 安装过程中

（5）安装完成后关闭安装窗口。双击 Arduino 应用程序即可进入 IDE-sketch 初始界面，如图 2 - 35 所示。

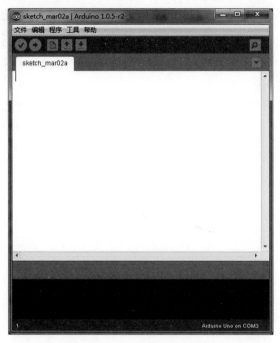

图 2 - 35　Arduino IDE 界面

至此，Arduino IDE 已经成功地安装到了 PC 上。在将开发板用 USB 连接到 PC 上后，Windows 会自动安装 Arduino 的驱动，如果安装不成功则需要手动设置驱动目录，指定驱动目录位置为安装过程中所选择的 Arduino 安装文件夹。驱动安装成功后，开发板绿色的电源指示灯会亮起来，此时说明开发板可用。

2.3.3　Arduino IDE 使用

在安装完 Arduino IDE 后，进入 Arduino 安装目录，打开 arduino. exe 文件，进入初始界面。打开软件会发现这个开发环境非常简洁（上面提到的三个操作系统 IDE 的界面基本一致），依次显示为菜单栏、图形化的工具条、中间的编辑区域和底部的状态区域。Arduino IDE 用户界面的区域功能如图 2 - 36 所示。

图 2 - 37 为 Arduino IDE 界面工具栏，从左至右依次为编译、上传、新建程序（sketch）、打开程序（sketch）、保存程序（sketch）和串口监视器（Serial Monitor）。

编辑器窗口选用一致的选项卡结构来管理多个程序，编辑器光标所在的行号在当

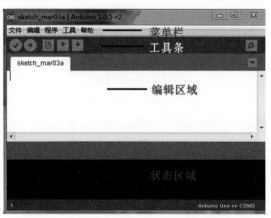

图 2 - 36　Arduino IDE 用户界面

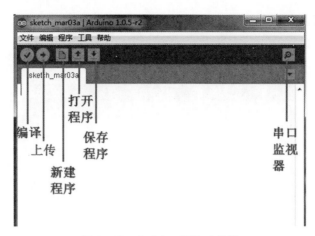

图 2-37 Arduino IDE 工具栏

前屏幕的左下角。

1. 文件菜单

写好的程序通过文件的形式保存在计算机时,需要使用文件(File)菜单,文件菜单常用的选项包括:

(1)新建文件(New);

(2)打开文件(Open);

(3)保存文件(Save);

(4)文件另存为(Save as);

(5)关闭文件(Close);

(6)程序示例(Examples);

(7)打印文件(Print)。

其他选项,如"程序库"是打开最近编辑和使用的程序,"参数设置"可以设置程序库的位置、语言、编辑器字体大小、输出时的详细信息、更新文件后缀(用后缀名.ino 代替原来的.pde后缀)。"上传"选项是对绝大多数支持的 Arduino I/O 电路板使用传统的 Arduino 引导装载程序来上传。

2. 编辑菜单

紧邻文件菜单右侧的是编辑(Edit)菜单,编辑菜单顾名思义是编辑文本时常用的选项集合。常用的编辑选项为恢复(Undo)、重做(Redo)、剪切(Cut)、复制(Copy)、粘贴(Paste)、全选(Select all)和查找(Find)。这些选项的快捷键也和 Windows 应用程序的编辑快捷键相同。恢复为"Ctrl+Z"、剪切为"Ctrl+X"、复制为"Ctrl+C"、粘贴为"Ctrl+V"、全选为"Ctrl+A"、查找为"Ctrl+F"。此外,编辑菜单还提供了其他选项,如"注释(Comment)"和"取消注释(Uncomment)",Arduino 编辑器中使用"//"代表注释。还有"增加缩进"和"减少缩进"选项、"复制到论坛"和"复制为 HTML"等选项。

3. 程序菜单

程序(Sketch)菜单包括与程序相关功能的菜单项。主要包括:

(1)"编译/校验(Verify)",和工具菜单中的编译相同。

（2）"显示程序文件夹（Show Sketch Folder）"，打开当前程序的文件夹。

（3）"增加文件（Add File）"，将一个其他程序复制到当前程序中，并在编辑器窗口的新选项卡中打开。

（4）"导入库（Import Library）"，导入所引用的 Arduino 库文件。

4. 工具菜单

工具（Tools）菜单是一个与 Arduino 开发板相关的工具和设置集合。主要包括：

（1）自动格式化（Auto Format），可以整理代码的格式，包括缩进、括号，使程序更易读和规范。

（2）程序打包（Archive Sketch），将程序文件夹中的所有文件均整合到一个压缩文件中，以便将文件备份或者分享。

（3）修复编码并重新装载（Fix Encoding & Reload），在打开一个程序时发现由于编码问题导致无法显示程序中的非英文字符时使用的，如一些汉字无法显示或者出现乱码时，可以使用另外的编码方式重新打开文件。

（4）串口监视器（Serial Monitor），是一个非常实用而且常用的选项，类似即时通信工具，PC 与 Arduino 开发板连接的串口"交谈"的内容会在该串口显示器中显示出来，如图 2-38所示。在串口监视器运行时，如果要与 Arduino 开发板通信，需要在串口监视器顶部的输入栏中输入相应的字符或字符串，再单击发送（Send）按钮就能发送信息给 Arduino。在使用串口监视器时，需要先设置串口波特率，当 Arduino 与 PC 的串口波特率相同时，两者才能够进行通信。Windows PC 的串口波特率的设置在计算机设备管理器中的端口属性中设置。

图 2-38　Arduino 串口监视器

（5）串口，需要手动设置系统中可用的串口时选择，在每次插拔一个 Arduino 电路板时，这个菜单的菜单项都会自动更新，也可手动选择哪个串口接开发板。

（6）板卡，用来选择串口连接的 Arduino 开发板型号，当连接不同型号的开发板时需要根据开发板的型号到"板卡"选项中选择相应的开发板。

（7）烧写 Bootloader，将 Arduino 开发板变成一个芯片编程器，也称为 AVRISP 烧写器，读者可以到 Arduino 中文社区查找相关内容。

5."帮助"菜单

"帮助"菜单包括快速入门、问题排查和参考手册，可以及时帮助用户了解开发环境，解决一些遇到的问题。访问 Arduino 官方网站的快速链接也在帮助菜单中，下载 IDE 后应该首先查看帮助菜单。

科学精神培养

严谨治学

科技人员要严谨治学。严谨，是科学治学思想的需要，是科学活动应遵循的重要原则。科学研究离不开多思善想、综合分析、整理归纳，以及理论思维、科学预见等，而这些都离不开严谨治学的思想。有成就的科技人员成功的重要因素之一，就是他们具有严谨治学的思想。

严谨治学，是学以致用的要求。一切科学活动的目的，都是为了致用。要有求知、求实求真的精神。当今单一的知识结构已不能适应迅猛发展的科技的要求。作为一名科技人员，必须具有顽强的孜孜不倦的求知欲。要广采博取，既要了解整体性的知识又要了解许多边缘学科知识，只有这样才能高质高效地处理好各种科技活动。博中要求精、求深、求实，要坚持实践第一的观点，实事求是，坚持实践是检验真理的唯一标准。

严谨治学，要有严肃认真、一丝不苟的作风。学习知识、观察事物，不浅尝辄止，对待实验中的数据、现象等，记录要准确，琢磨要周密，不捕风捉影，力求透过现象抓住本质，把握事物的内在联系。科学活动的目的是揭示自然界的未知规律，探索新见解、新理论。然而，任何一个未知规律的揭示、新的理论的创立，无不是经过细微周密、一丝不苟、老老实实、精益求精的试验和论证。科技越发展，精确度越高，越是需要严谨治学。

本章习题

1. Arduino Mega 2560 开发板与 Arduino UNO 板有什么不同？
2. 如何在 Arduino IDE 环境中设置通信端口和开发板类型？
3. 在 Arduino IDE 环境中如何下载程序？
4. 当 USB 连接到计算机时，如何在计算机中查找对应的 COM 口？
5. 在 Arduino IDE 环境中如何改写程序的字体大小？

第 3 章　Arduino 语言基础

Arduino 编程语言是建立在 C/C++语言基础上的,本章将详细介绍 Arduino 编程语言,具体涉及的内容如下:

- Arduino 开发语言与 C 语言;
- Arduino 程序结构;
- 常量、变量、数据类型、运算符、数组、字符串、预处理、注释;
- 数字系统。

3.1　Arduino 开发语言

Arduino 程序语言与 C 语言很相似,不过语法更简单而且易学易用,将微控制器中复杂的设置寄存器的操作编写成函数,用户只需输入参数到函数中即可。Arduino 程序主要是由结构(Structure)、数值(Value)和函数(Function)3 个部分组成。Arduino 使用 C/C++语言编写程序,虽然 C++兼容 C 语言,但是这两种语言又有所区别。C 语言是一种面向过程的编程语言,C++是一种面向对象的编程语言。早期的 Arduino 核心库使用 C 语言编写,后来引进了面向对象的思想,目前最新的 Arduino 核心库采用 C 与 C++语言混合编程。

通常所说的 Arduino 语言,是指 Arduino 核心库文件提供的各种应用程序编程接口(Application Programming Interface,API)的集合。这些 API 是对更底层的单片机支持库进行二次封装形成的。例如,使用 AVR 单片机的 Arduino 核心库是对 AVR-Libc(基于 GCC 的 AVR 支持库)的二次封装。

在传统 AVR 单片机开发中,将一个 I/O 口设置为输出高电平状态需要以下操作:

```
DDRB | = (1 << 5);
PORTB | = (1 << 5);
```

其中 PORTB 和 DDRB 都是 AVR 单片机中的寄存器。在传统开发方式中,需要理清每个寄存器的意义及其之间的关系,然后通过配置多个寄存器来达到目的。

在 Arduino 中的操作写为:

```
pinMode(13,OUTPUT);
digitalWrite(13,HIGH);
```

这里 pinMode 即是设置引脚的模式,这里设定了 13 脚为输出模式;而 digitalWrite(13,HIGH)则是使 13 脚输出高电平数字信号。这些封装好的 API 使得程序中的语句更容易被理解,因此可以不用理会单片机中繁杂的寄存器配置就能直观地控制 Arduino,增强了程序可读性,同时也提高了开发效率。

3.2   Arduino 程序结构

Arduino 程序中,大家会看到 Blink 程序,如果曾经使用过 C/C++语言就会发现,Arduino的程序结构与传统 C/C++的程序结构有所不同。Arduino 程序中没有写main()函数,但并不是 Arduino 程序中没有 main()函数,而是 main()函数的定义隐藏在了Arduino的核心库文件中。Arduino 程序结构部分包含 setup()和 loop()两个函数,不可省略。

1. setup()

setup()函数用来设置变量初值和引脚模式等,在每次通电或重置 Arduino 制板时,即会开始执行 setup()函数中的程序,该程序只会执行一次。通常是在 setup()函数中完成Arduino 的初始化设置,如配置 I/O 口状态和初始化串口等操作。

2. loop()

setup()函数中的程序执行完毕后,Arduino 会接着执行 loop()函数中的程序。loop函数由其名称"loop"暗示执行循环的操作,是一个死循环,其中的程序会不断地重复运行。通常是在 loop()函数中完成程序的主要功能,如驱动各种模块和采集数据等。

可以通过选择"文件"→"示例"→01. Basic→ BareMinimum 菜单项来查看 Arduino 程序的基本结构如下:

```
void setup()
{
    //在这里填写的 setup()函数代码,它只会运行一次
}
void loop()
{
    //在这里填写的 loop 函数代码,它会不断重复运行
}
```

3.3   Arduino 语法

C/C++语言是国际上广泛流行的计算机高级语言。在使用 Arduino 进行硬件开发时,使用的就是C/C++语言。使用 Arduino 开发时,需要有一定的 C/C++编程基础,由于篇幅有限,在此仅对C/C++语言进行简单介绍。在此后的章节中还会穿插介绍一些特殊用法。

3.3.1　常量与变量

在 Arduino 程序中常使用变量(Variable)与常量(Constant)来取代内存的实际地址,好处是程序设计者不需要知道该地址是否可以使用,而且程序将更易于阅读与维护。一个变量或常数的声明是为了保留内存空间,以便于存储某个数据,至于具体安排哪一个地址,则是由编译程序统一负责分配的。

1. 常量

常量(Constant)是在 Arduino 语言中事先定义了一些具有特殊用途的保留字,是指值不可以改变的量。常量可以是字符,也可以是数字,通常使用语句

♯ define 常量名 常量值

定义常量。如在 Arduino 核心库中已定义的常量 PI 为:

♯ define PI 3.1415926535897932384626433832795

编程时,常量可以是自定义的,也可以是 Arduino 核心代码中自带的。下面就介绍 Arduino 核心代码中自带的一些常用的常量,以及自定义常量时应该注意的问题。

(1)逻辑常量(布尔常量):false 和 true。false 的值为零,true 通常情况下被定义为 1,但 true 具有更广泛的定义。在布尔含义(Boolean Sense)中任何非零整数为 true。所以在布尔含义中-1、2 和-200 都定义为 true。需要注意的是 true 和 false 常量,不同于 HIGH、LOW、INPUT 和 OUTPUT,需要全部小写。另外,需要注意 Arduino 是大小写敏感语言(case sensitive)。

(2)数字引脚常量:INPUT 和 OUTPUT。首先要记住这两个常量必须是大写的。当引脚被配置成 INPUT 时,此引脚就从引脚读取数据;当引脚被配置成 OUTPUT 时,此引脚向外部电路输出数据。在前面程序中经常出现的 pinMode(ledPin,OUTPUT),表示从 ledPin 代表的引脚向外部电路输出数据,使得小灯能够变亮或者熄灭。数字引脚当作 INPUT 或 OUTPUT 都可以。用 pinMode( )方法使一个数字引脚从 INPUT 到 OUTPUT 变化。

(3)引脚电压常量:HIGH 和 LOW。这两个常量也必须是大写的。当读取(Read)或写入(Write)数字引脚时只有两个可能的值:HIGH 和 LOW。HIGH 表示的是高电位,LOW 表示的是低电位。例如:digitalWrite(pin,HIGH);就是将 pin 这个引脚设置成高电位的。还要注意,当一个引脚通过 pinMode 被设置为 INPUT,并通过 digitalRead 读取(read)时。如果当前引脚的电压大于等于 3 V,微控制器将会返回 HIGH,引脚的电压小于等于 2 V,微控制器将返回 LOW。当一个引脚通过 pinMode 配置为 OUTPUT,并通过 digitalWrite 设置为 LOW 时,引脚为 0 V,当 digitalWrite 设置为 HIGH 时,引脚的电压应在 5 V。

(4)自定义常量。在 Arduino 中自定义常量包括宏定义♯ define 和使用关键字 const 来定义,它们之间有细微的区别。在定义数组时只能使用 const。一般 const 相对的♯ define 是首选的定义常量语法。

2. 变量

(1)变量的名称。变量(Variable)来源于数学,指定 Arduino 内存中一个位置,变量可以用来储存数据,程序员可以透过脚本代码去不限次数地操作变量的值,是计算机语言中能

储存计算结果或者能表示某些值的一种抽象概念。通俗来说可以认为是给一个值命名。Arduino语言的变量命名规则与 C 语言相似,第一个字符不可以是数字,必须以英文字母或"_"(下划线)作为开头,接着是字母或数字。命名时应该以易于阅读为原则。同时,变量名的写法约定为首字母小写,如果是单词组合则中间每个单词的首字母都应该大写,例如 ledPin、ledCount 等,一般把这种拼写方式称为小鹿拼写法(pumpy case)或者骆驼拼写法(camel case)。

(2)变量的声明。变量必须先声明后使用。一般变量的声明方法为:"类型名＋变量名＋变量初始化值"。当声明一个变量时,必须指定变量的类型。变量的类型决定变量被分配的内存大小、数据的存储方式、合法的表数范围、可参与计算的运算种类。如果多个变量具有相同的变量类型,也可以只用一个数据类型的名称来声明,而变量之间用逗号隔开。如果变量有初值,也可以在声明变量的同时一起设置。

例:

```
int     ledPin = 10;                    //声明整数变量 ledPin,初始值为 10。
char    myChar = ´A´;                   //声明字符变量 myChar,初始值为´A´。
float   sensorVal = 16.66;              //声明浮点数 sensorVal,初始值为 16.66。
int     year = 2019,moon = 10,day = 12; //声明整数变量 year,moon,day 并设置初值。
```

(3)变量的作用域。变量的作用范围又称为作用域,变量的作用范围与该变量在哪儿声明有关,大致分为如下两种。

全局变量:被声明在任何函数之外,若在程序开头的声明区或是在没有大括号限制的声明区,所声明的变量作用域为整个程序。即整个程序都可以使用这个变量代表的值或范围,不局限于某个括号范围内。

局部变量:若在大括号内的声明区所声明的变量,其作用域将局限于大括号内。若在主程序与各函数中都声明了相同名称的变量,当离开主程序或函数时,该局部变量将自动消失。

使用变量还有一个好处,就是可以避免使用魔数。在一些程序代码中出现的没有解释的数字常量或字符串称为魔数(Magic Number)或魔字符串(Magic String)。魔数的出现使得程序的可阅读性降低了很多,而且难以进行维护。如果在某个程序中使用了魔数,那么在几个月(或几年)后将很可能不知道它的含义是什么。

为了避免魔数的出现,通常会使用多个单词组成的变量来解释该变量代表的值,而不是随意给变量取名。同时,理论上一个常数的出现应该对其做必要的注释,以方便阅读和维护。在修改程序时,只需修改变量的值,而不是在程序中反复查找令人头痛的"魔数"。

3.3.2   数据类型

在 Arduino 语言中每一种数据类型在内存中所占用的空间不同,因此在声明变量的同时,也必须指定变量的数据类型。具体数据类型及其取值范围如表 3-1 所示。

表 3－1　整数类型及其取值范围

数据类型	位数	取值范围	说明
int	16	$-32768 \sim 32767$ 即 $-2^{15} \sim (2^{15}-1)$	整型
unsigned int	16	$0 \sim 65535$ 即 $(0 \sim 2^{16}-1)$	无符号整型
short	16	$-32768 \sim 32767 (-2^{15} \sim 2^{15}-1)$	短整型
unsigned short	16	$0 \sim 65535$ 即 $(0 \sim 2^{16}-1)$	无符号短整型
word	16	$0 \sim 65535$ 即 $(0 \sim 2^{16}-1)$	字
char	8	$-128 \sim 127$	字符型
unsigned char	8	$0 \sim 255$	无符号字符型
byte	8	$0 \sim 255$	字节型
boolean	8	true、false	布尔类型
long	32	$-2147483648 \sim 2147483647 (-2^{31} \sim 2^{31}-1)$	长整型
unsigned long	32	$0 \sim 4294967295 (0 \sim 2^{32}-1)$	无符号长整型
float	32	$-3.4028235E+38 \sim 3.4028235E+38$	单精度浮点型
double	32	$-3.4028235E+38 \sim 3.4028235E+38$	双精度浮点型

1. 整型

整型即整数类型。在基于 ATmega 的 8 位单片机中,如 Arduino UNO,Arduino Mega 2560,int 占用 2 字节。而在有些高级 Arduino 板,如 Arduino Due,SAMD 等中,int 型及 un-signed int 型占用 4 字节(32 位)。

2. 浮点型

浮点数其实就是平常所说的实数。在 Arduino 中有 float 和 double 两种浮点类型,但在使用 AVR 作为控制核心的 Arduino(UNO、MEGA 等)上,两者的精度是一样的,都占用 4 字节(32 位)内存空间。在 Arduino Due 中,double 类型占用 8 字节(64 位)内存空间。浮点型数据的运算较慢且有一定误差,因此,通常会把浮点型转换为整型来处理相关运算。如 9.8 cm,通常会换算为 98 mm 来计算。

3. 字符型

字符型,即 char 类型,其占用 1 字节的内存空间,主要用于存储字符变量。在存储字符时,字符需要用单引号引用,如:

```
char col = ´C´;
```

字符都是以数字形式存储在 char 类型变量中的,数字与字符的对应关系请参照附录中的 ASCII 码表。

4. 布尔型

布尔型变量即 boolean 类型。它的值只有两个:false(假)和 true(真)。boolean 类型会占用 1 字节的内存空间。

注：byte 不是 C/C++标准类型，它是 Arduino 平台特有的，实际就是无符号 8 位整型。Arduino.h 中，有这样的类型定义：typedef uint8_t byte；。word 可存储无符号 16 位整型。

3.3.3 运算符

计算机除了能够存储数据外，还必须具备运算的能力，在运算时所使用的符号就是运算符。常用的运算符可分为算术运算符、关系运算符、逻辑运算符、位运算符以及复合运算符等。Arduino 首先会执行算术运算符，其次是关系运算符、位运算符、逻辑运算符，最后才是复合运算符，可以使用"（）"来改变运算的优先级。

1. 算术运算符

算术运算符作用及范例如表 3-2 所示。

表 3-2　算术运算符

算术运算符	作用	范例	说明
+	加法	a+b	a 的值与 b 的值相加
−	减法	a−b	a 的值与 b 的值相减
*	乘法	a*b	a 的值与 b 的值相乘
/	除法	a/b	a 的值与 b 的值相除
%	取模	a%b	a 的值除以 b 的值得到的余数

例：
```
void setup( )
{}
void loop( )
{
  int a=7,b=2,c,d,e,f;      //声明整数变量 a,b,c,d,e,f 并设置初值。
  c=a+b;                    //加法运算,c=9。
  d=a−b;                    //减法运算,d=5。
  e=a*b;                    //乘法运算,e=14。
  f=a%b;                    //余数运算,f=1。
}
```

2. 关系运算符

关系运算符，是比较两个操作数的值，然后返回布尔(boolean)值。当关系式成立时，返回布尔值 true；当关系式不成立时，返回布尔值 false。关系运算符的优先级都相同，按照出现的顺序从左到右执行，具体如表 3-3 所示。

表 3-3　关系运算符

关系运算符	作用	范例	说明
==	等于	a==b	如果 a 等于 b 则结果为 true,否则为 false
!=	不等于	a!=b	如果 a 不等于 b 则结果为 true,否则为 false
<	小于	a<b	如果 a 小于 b 则结果为 true,否则为 false
>	大于	a>b	如果 a 大于 b 则结果为 true,否则为 false
<=	小于或等于	a<=b	如果 a 小于等于 b 则结果为 true,否则为 false
>=	大于或等于	a>=b	如果 a 大于等于 b 则结果为 true,否则为 false

例:

```
void setup( )
{}
void loop( )
{
  int val = analogRead(A0);     //读取 A0 模拟输入引脚转换后的数字值;
  if(val>100)                   // val 是否大于 100?
    digitalWrite(13,HIGH);      //若 val 大于 100 则点亮 pin13 的 LED。
  else
    digitalWrite(13,LOW);       //若 val 小于或等于 100,则关闭 pin13 的 LED。
}
```

3.逻辑运算符

在逻辑运算中,若结果不是 0 则为真(true),若结果为 0 则为假(false)。对"与"(AND)运算而言,两个数都为真时,其结果才为真。对"或"(OR)运算而言,其中有一个数为真,结果就为真。对"求反"(NOT,或称为"非")运算而言,若数值原来为真,则"求反"运算后变为假;若数值原来为假,则"求反"运算后变为真。具体如表 3-4 所示。

表 3-4　逻辑运算符

逻辑运算符	作用	范例	说明
&&	与运算	a&&b	a 与 b 两个变量执行逻辑"与"运算
||	或运算	a||b	a 与 b 两个变量执行逻辑"或"运算
!	非运算	!a	a 变量执行逻辑"非"运算

例:

```
void setup( )
{}
void loop( )
{
```

```
    boolean a = true,b = false,c,d,e;    //声明布尔变量 a,b,c,d,e。
    c = a&&b;                            //a,b 两个变量进行逻辑与运算,c = false。
    d = a||b;                            //a,b 两个变量进行逻辑或运算,d = true。
    e = ! a;                             //a 变量进行逻辑非运算,e = false。
}
```

4. 位运算符

位运算符,是将两个变量的每一个位都进行逻辑运算,位值 1 为真,位值 0 为假,对右移位运算而言,若变量为无符号数,则执行右移位运算后填入最高位的位值为 0;若变量为有符号数,则填入最高位的位值为最高位本身。对左移位运算而言,无论是无符号数还是有符号数,填入最低位的位值都为 0。具体如表 3 - 5 所示。

表 3 - 5 位运算符

位运算符	作用	范例	说明
&	与	a&b	a 与 b 两个变量的每一个相同位执行"与"逻辑
|	或	a|b	a 与 b 两个变量的每一个相同位执行"或"逻辑
^	异或	a^b	a 与 b 两个变量的每一个相同位执行"异或"逻辑
~	补码	~a	将 a 变量值的每一位"求反"(0、1 互换)
<<	左移	a<<3	将 a 变量值左移 3 位
>>	右移	a>>3	将 a 变量值右移 3 位

例:
```
void setup( )
{}
void loop( )
{
    char a = 0b00100101;        //声明字符变量 a = 0b00100101(二进制数).
    char b = 0b11110000;        //声明字符变量 b = 0b11110000(二进制数)
    unsigned char c = 0x80;     //声明无符号数字符变量 c = 0x80(十六进制数)。
    unsigned char d,e,f,l,m,n;  //声明无符号数字符变量 d,e,f,l,m,n。
    d = a&b;                    //a,b 两个变量执行位与逻辑运算,d = 0x20。
    e = a|b;                    //a,b 两个变量执行位或逻辑运算,e = 0xf5。
    f = a^b;                    //a,b 两个变量执行位异或逻辑运算,f = 0xd5.
    l = ~a;                     //a 变量执行位求反逻辑运算,I = 0xda。
    m = b<<1;                   //b 变量值左移 1 位,m = 0xe0。
    n = c>>1;                   //c 变量值右移 1 位,n = 0x40。
}
```

5.赋值复合运算符

赋值复合运算符是将运算符与等号结合后的简化表达式,它的作用是将复合运算符右边表达式的结果与左边的变量进行算术运算,然后再将最终结果赋予左边的变量。因此,复合运算应注意以下几点:

(1)复合运算符左边必须是变量。

(2)复合运算符右边的表达式计算完成后才能参与复合赋值运算。

(3)复合运算符常用于某个变量自身的变化,尤其是当左边的变量名很长时,使用复合运算符书写更方便。

如果在运算的表达式中,赋值运算符两边的数据类型不同,系统将自动进行类型转换。即将赋值号右边的类型转换为左边的类型。具体需要注意以下几点:

(1)实型数赋予整型数:舍去小数部分。

(2)整型数赋予实型数:数值不变,但将以浮点数的形式存放,即增加小数部分(小数部分的值为"0")。

(3)字符型数赋予整型数:由于字符型数为一个字节,而整型数为两个字节。字符型数赋值于低位,高位则补"0"。

(4)整型数赋值于字符型数:只把低 8 位赋予字符量,而高位则丢弃。具体如表 3-6 所示。

表 3-6　复合运算符

复合运算符	作用	范例	说明
+=	加	a+=b	与 a=a+b 表达式相同
-=	减	a-=b	与 a=a-b 表达式相同
*=	乘	a*=b	与 a=a*b 表达式相同
/=	除	a/=b	与 a=a/b 表达式相同
%=	余数	a%=b	与 a=a%b 表达式相同
<<=	左移	a<<=b	与 a=a<<b 表达式相同
>>=	右移	a>>=b	与 a=a>>b 表达式相同
&=	位与	a&=b	与 a=a&b 表达式相同
|=	位或	a|=b	与 a=a|b 表达式相同
^=	位异或	a^=b	与 a=a^b 表达式相同

例:

```
void setup( )
{ }
void loop( )
{
    int x = 2;                    //声明整数变量 x,设置初值为 2。
```

```
    char a = 0b00100101;          //声明字符变量 a = 0b00100101(二进制数)。
    char b = 0b00001111;          //声明字符变量 b = 0b00001111(二进制数)。
    x + = 4;                      //x = x + 4 = 2 + 4 = 6。
    x - = 3;                      //x = x - 3 = 6 - 3 = 3。
    x * = 10;                     //x = x * 10 = 3 * 10 = 30。
    x/ = 2;                       //x = x/2 = 30/2 = 15。
    x % = 2;                      //x = x % 2 = 15 % 2 = 1。
    a& = b;                       // a = a&b = 0b00000101。
    al = b;                       //a = a|b = 0b00001111。
    a^ = b;                       //a = a^b = 0b00000000。
}
```

6. 运算符的优先级

表达式结合常数、变量以及运算符就能够产生一个数值,当表达式中有一个以上运算符时,运算符的优先级如表 3-7 所示。如果不能够确定运算符的优先级,可以使用"( )"(小括号)将要优先运算的表达式括起来,这样就不会产生错误了。具体如表 3-7 所示。

表 3-7 赋值复合运算符

关系运算符	运算符	说明
1	( )	括号
2	~,!	补码,非运算
3	++,--	递增,递减
4	*,/,%	乘法,除法,余数
5	+,-	加法,减法
6	<<,>>	左移位,右移位
7	<>,<=,>=	不等于,小于等于,大于等于
8	==,! =	相等,不等于
9	&	位与运算
10	^	位异或运算
11	|	位或运算
12	&&	逻辑与运算
13	||	逻辑或运算
14	* =,/=,%=,+=,-=,&=,^=,|=	复合运算

3.3.4　数组

数组是由一组具有相同数据类型的数据构成的集合。数组概念的引入,使得在处理多个相同类型的数据时程序更加清晰和简洁。

定义方式如下:

数据类型 数组名称[数组大小 n]={初值 0,初值 1,…,初值 n−1}。

数据类型 数组名称[m][n]={{初值 0,初值 1,…,初值 n−1},{初值 0,初值 1,…,初值 n−1},{初值 0,初值 1,…,初值 n−1}}

数组跟变量一样需要先申明,然后编译程序才会知道数组的数据类型及数组大小。数组声明包含数据类型、数组名、数组大小及数组初值 4 个部分。

(1)数组类型:在数组中每个元素的数据类型都相同。

(2)数组名:命令规则与变量声明方法相同。

(3)数组大小:必须指定数组大小,编译程序才能分配内存,数组可以是多维的。

(4)数组初值:与变量相同,可以事先指定数组初值或不指定。

需要注意的是,数组下标是从 0 开始编号的。如,将数组 a 中的第 1 个元素赋值为 1 的语句为:a[0]=1;除了使用以上方法对数组赋值外,也可以在数组定义时对数组进行赋值。

例:

```
void setup( )
{}
void loop( )
{
    int a[5] = {1,2,3,4,5};                //声明一维整数数组。
    int b[2][3] = {{0,1,2},{3,4,5}};       //声明一维整数数组。
}
```

3.3.5　字符串

字符串的定义方式有两种,一种是以字符型数组方式定义,另一种是使用 String 类型定义。

以字符型数组方式定义的语句为:char 字符串名称[字符个数];

使用字符型数组方式定义的字符串,其使用方法与数组的使用方法一致,有多少个字符便占用多少字节的存储空间。而在大多数情况下是使用 String 类型来定义字符串,该类型提供了一些操作字符串的成员函数,使得字符串使用起来更为灵活。

定义语句是:String 字符串名称;

如语句:String abc;

即可定义一个名为 abc 的字符串。可以在定义字符串时为其赋值,也可以在定义以后为其赋,如语句:"String abc;abc="Arduino";"和语句"String abc="Arduino";"是等效的。相较于数组形式的定义方法,使用 String 类型定义字符串会占用更多的存储空间。

3.3.6　预处理命令

预处理类似汇编语言中的伪指令，是针对编译程序所下达的指令。Arduino 语言在程序编译之前会先处理程序中含有"♯"记号的语句，这个操作就是预处理，由预处理器负责。预处理可以放在程序的任何地方，不过通常放在程序的最前面。

1.♯include 预处理

使用♯include 预处理可以将一个头文件加载至一个源文件中，头文件必须以 h 作为扩展文件名。在♯include 后面的头文件有两种语句方式，一种是使用""（双引号），另一种是使用<>（尖括号）。如果是以双引号将头文件名括住，那么预处理器会先从源文件所在目录开始寻找头文件，找不到时再到其他目录中寻找。如果是以尖括号将头文件名括住，那么预处理器会先从头文件目录中寻找。

在 Arduino 语言中定义了一些实用的外设头文件，以便简化程序设计，如 EEPROM 内存(EEPROM.h)、伺服马达(Servo.h)、步进马达(Stepper.h)、SD 卡(SD.h)、LCD 显示器 LiquidCrystal.h)、TFT 显示器(TFT.h)、以太网络(Ethernet.h)、无线 Wi-Fi(Wi-Fi.h)、SPI 接口(SPI.h)、I_2C 接口(Wire.h)、音频接口(Audio.h)以及 USB 接口(USBHost.h)等。

格式

♯include<头文件>或♯include"头文件"

例：

```
♯include<Servo.h>       //加载 Servo.h 头文件。
Servo myservo;          //定义 Servo 对象。
int pos = 0;            //服务器转动角度。
void setup( )
  {
  myservo.attach(9);    //服务器 Servo 控制信号引|脚连接至 Arduino 板的数字
                          引脚 9。
  }
  void loop( )
  {}
```

2.♯define 预处理

使用♯define 预处理可以定义一个宏名称来代表一个字符串，这个字符串可以是一个常数，表达式或含有自变量的表达式。当程序中使用到这个宏名称时，预处理器就会将这些宏名称以其所代表的字符串来替换。使用相同宏名称的次数越多，就会占用越多的内存空间，而函数只会占用定义一次函数所需的内存空间，虽然宏函数占用的内存空间更多，但是执行速度比函数快。

格式

♯define 宏名称 字符串

例：

♯define PI 3.1415926

```
#define AREA(x)PI * x * x
void setup( )
{ }
void loop( )
{
    float result = AREA(3);    //计算圆面积:28.26
}
```

3.3.7　注释

"/ * "与" * /"之间的内容及"//"之后的内容均为程序注释,使用它们可以更好地管理代码。注释不会被编译到程序中,因此不影响程序的运行。

为程序添加注释的方法有两种:

①单行注释语句为:

//注释内容

②多行注释语句为:

/ * 注释内容 1

注释内容 2

……

 * /

3.3.8　数字系统

在数字系统中为了提高电路运行的可靠性,常使用二进制(Binary,B)数字系统,有别于人们早已习惯的十进制(Decimal,D)数字系统。在二进制数字系统中仅含 0 与 1 两种数字数据,因此倍数符号的表示也与十进制数系统不同。表 3 - 8 所示为二进制数系统的倍数符号,每个符号间的倍数为 2^{10}。

表 3 - 8　二进制数字系统倍数符号

符号	中文名称	英文名称	倍数
T	太、兆兆,万亿	tera	2^{40}
G	吉、千兆、十亿	giga	2^{30}
M	兆	mega	2^{20}
K	千	kilo	2^{10}

1. 十进制表示法

十进制数字系统使用 0、1、2、3、4、5、6、7、8、9 共 10 个阿拉伯数字来表示数值 N,且数值的最左方数字为最大有效位数(Most Significant Digital,MSD),而最右方数字为最小有效位数(Least Significant Digital,LSD)。在 Arduino 程序中,十进制数值不需要在数值前加上任何前置符号,例如十进制数值 1234 可表示为:

$$1234 = 1 \times 10^3 + 2 \times 10^2 + 3 \times 10^1 + 4 \times 10^0$$

2. 二进制表示法

二进制数字系统使用 0、1 共两个阿拉伯数字来表示数值 N，且数值的最左方数字为最大有效位（Most Significant Bit，MSB），而最右方数字为最小有效位（Least Significant Bit，LSB）。在 Arduino 程序中，二进制的数值需在数值前加上前置符号"0b"，例如二进制数值 0b1000 1010 可表示为：

$$0b1000\ 1010 = 1 \times 2^7 + 0 \times 2^6 + 0 \times 2^5 + 0 \times 2^4 + 1 \times 2^3 + 0 \times 2^2 + 1 \times 2^1 + 0 \times 2^0 = 138$$

3. 十六进制表示法

二进制数系统表示较大的数值时会因数字过长而不易阅读，常用十六进制（Hexadecima，H）数字系统来表示。十六进制数字系统使用 0～9 十个阿拉伯数字及 A～F 六个英文字母共 16 个数字字母来表示数值 N，其中英文字母 A、B、C、D、E、F 分别对应十进制数字 10、11、12、13、14、15。在 Arduino 程序中，十六进制数值需要在数值前加上前置符号"0x"，例如十六进制数值 0x1234 可表示为：

$$0x1234 = 1 \times 16^3 + 2 \times 16^2 + 3 \times 16^1 + 4 \times 16^0 = 4660$$

4. 常用进位转换

表 3-9 所示为十进制、二进制、十六进制 3 种数字系统的常用进位转换。在计算机系统中，每一个二进制数表示一位（bit），每 8 位表示一个字节（byte），每 16 位表示一个机器字（word）。

表 3-9　数字系统常用进位转换

序号	十进制	二进制	十六进制	序号	十进制	二进制	十六进制
1	0	0000	0	9	8	1000	8
2	1	0001	1	10	9	1001	9
3	2	0010	2	11	10	1010	A
4	3	0011	3	12	11	1011	B
5	4	0100	4	13	12	1100	C
6	5	0101	5	14	13	1101	D
7	6	0110	6	15	14	1110	E
8	7	0111	7	16	15	1111	F

科学精神培养

实事求是

　　"实事"是客观存在着的一切事物,"是"就是客观实物的内部联系,即规律性。"求"就是我们去研究。真理,凡与实物的发展规律完全一致的理论和原理就是真理。掌握真理,就是必须坚持实事求是。

　　科技人员要实事求是,不为名利所左右,必须勇于修正错误,这是老老实实的求实精神和科学态度的表现,是一切优秀科技人员应具有的崇高品质。一个训练有素的科学家或发明家,在做出结论前,都能严格试验;寻找错误,做出结论后,有了错误及时纠偏,甚至对于自己长期坚持的思想,在新的事实面前也勇于放弃。

本章习题

1. 简述 Arduino 开发板的程序结构?
2. 什么是常量和变量?
3. 在 Arduino 编程过程中注释有几种方法?
4. 将十进制数 25 换算为二进制数。

第4章　Arduino 程序流程控制及函数

在编程的过程中,需要画流程图以更好地分清程序的逻辑性问题,使程序更好地运行。本章涉及的主要内容如下:

- 如何用流程图表示程序;
- 顺序结构、选择结构、循环结构、结束及跳转语句,其中包括程序语句;
- Arduino 常用函数:数字 I/O、模拟 I/O、高级 I/O 口的操作函数、时间函数、数学函数、中断函数、串口通信函数。

4.1　用流程图表示程序

流程图采用一些图框来表示各种操作。用图形表示算法,直观形象、易于理解。特别是对于初学者来说,使用流程图有助于更好地理清思路,从而顺利编写出相应的程序。ANSI 规定了一些常用的流程图符号,如图 4-1 所示。

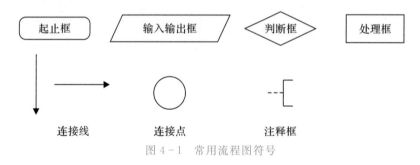

图 4-1　常用流程图符号

4.2　顺序结构

顺序结构是三种基本结构之一,也是最基本、最简单的程序组织结构。在顺序结构中,程序按语句的先后顺序依次执行。一个程序或者一个函数,在整体上是一个顺序结构,它由一系列语句或者控制结构组成,这些语句与结构都按先后顺序运行。

如图 4-2 所示,虚线框内是一个顺序结构,其中 A、B 两个框是顺序执行的,即在执行完 A 框中的操作后,接着会执行 B 框中的操作。

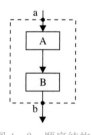

图 4-2　顺序结构

4.3　选择结构

选择结构又称选取结构或分支结构。在编程中,经常需要根据当前数据做出判断,以决定下一步的操作。例如,Arduino 可以通过气体传感器检测出室内的煤气浓度,然后需要在程序中对煤气浓度做出判断,如果煤气浓度过高,就要发出警报信号,这时便会用到选择结构。

如图 4-3 所示,虚线框中是一个选择结构,该结构中包含一个判断框。根据判断框中的条件 P 是否成立来选择执行 A 框或者 B 框。执行完 A 框或者 B 框的操作后,都会经过 b 点而脱离该选择结构。

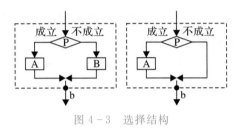

图 4-3　选择结构

4.3.1　if 语句

if 语句是最常用的选择结构实现方式,它有三种结构形式。

1. 简单分支结构

格式

if(表达式)
{
语句;
}

图 4-4 所示为 if 语句,它会先判断条件表达式,若条件表达式为真,则执行一次"{ }"(大括号)中的语句;若条件表达式为假,则不执行。如果 if 语句中只有一行语句时可以不加"{ }"(大括号);如果有一行以上的语句,就必须加上"{ }"(大括号)。如果没有加上大括号,条件表述式成立时就只会执行 if 语句内的第一行语句。

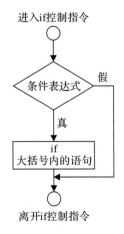

图 4-4　if 语句

例:void setup( )
{ }
void loop( )
{
　　int a = 2,b = 3,c = 0;　　//声明整数变量 a,b,c。
　　if(a > b)　　//a 大于 b?
　　c = a;　　//若 a 小于或等于 b,则 c = 0。
}

2. 双分支结构

格式

if(条件表达式)

〔语句 1;〕

else

〔语句 2;〕

双分支结构增加了一个 else 语句,当给定表达式的结果为假时,便运行 else 后的语句,即如图 4-5 所示为 if-else 语句,它会先判断条件表达式,若条件表达式为真,则执行 if 内的语句;若条件表达式为假,则执行 else 内的语句。在 if 语句或 else 语句内,如果只有一行语句,可以不用加"{}"(大括号);如果有一行以上的语句时,一定要加上"{}"(大括号)。否则只会执行第一行语句,而造成执行错误。

例:void setup( )

　　〔 〕

　　void loop( )

　　〔

　　　int a = 3,b = 2,c = 0;　　　　//声明整数变量 a,b,c。

　　　if(a＞b)　　　　　　　　//a 大于 b?

　　　　c = a;　　　　　　　//若 a 小于或等于 b,则 c = a。

　　　else　　　　　　　　//a 小于或等于 b?

　　　　c = b;

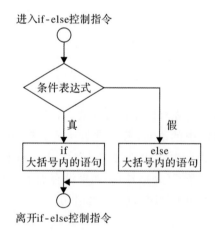

图 4-5　if-else 语句

3. 多分支结构

将 if 语句嵌套使用,即形成多分支结构,以判断多种不同的情况,即嵌套 if-else 语句和 if-else if 语句。

嵌套 if-else 语句:

格式

if(条件 1)

　　if(条件 2)

　　　　if(条件 3){语句 1;}

　　　　else{语句 2;}

　　else{语句 3;}

else{语句 4;}

图 4-6 所示为嵌套 if-else 语句。使用嵌套 if-else 语句时必须注意 if 与 else 的配合,其原则是 else 要与最接近且未配对的 if 配成一对,通常我们都是以 Tab 制表符或空格符来对齐 if-else 配对,以避免错误的出现。在 if 语句或 else 语句内如果只有一行语句,可以不用加"{}"(大括号);如果有一行以上的语句,就一定要加上"{}"(大括号),否则只会执行第一行语句,从而造成误操作。

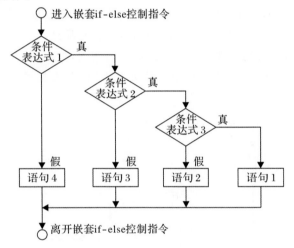

图 4-6　嵌套 if-else 语句

例:void setup( )

　　{ }

　　void loop( )

　　{

　　　　int score = 75;　　　　　　　　　//成绩

　　　　char grade;　　　　　　　　　　//等级

　　　　if(score> = 60)　　　　　　　　//成绩大于或等于 60 分?

　　　　　　if(score> = 70)　　　　　　//成绩大于或等于 70 分?

　　　　　　　　if(score> = 80)　　　　//成绩大于或等于 80 分?

　　　　　　　　　　if(score> = 90)　　//成绩大于或等于 90 分?

　　　　　　　　　　grade = ´A´;　　　　//成绩大于或等于 90 分,等级为 A。

　　　　　　　　　　else

　　　　　　　　　　grade = ´B´;　　　　//成绩在 80~89 分,等级为 B。

```
                else
                    grade = ´C´;                    //成绩在 70~79 分,等级为 C。
                else
                    grade = ´D´;                    //成绩在 60~69 分,等级为 D。
            else
                grade = ´E´;                        //成绩小于 60 分,等级为 E。
        }
```

if-else if 语句:

格式

```
    if(条件 1){语句 1;}
        else if(条件 2){语句 2;}
            if(条件 3){语句 3;}
    else{语句 4;}
```

图 4-7 所示为 if-else if 语句,使用 if-else if 语句时必须注意 if 与 else if 的配对,其原则是 else if 要与最接近且未配对的 if 配成一对,通常我们都是以 Tab 制表符或空格符来对齐 if-else 配对,以避免错误的出现。在语句或 else 语句内,如果只有一行语句,可以不用加"{}"(大括号);如果有一行以上的语句,就一定要加上"{}"(大括号),否则只会执行第一行语句,而造成误操作。

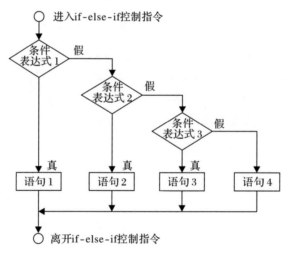

图 4-7 if-else if 语句

```
例:void setup( )
    { }
    void loop( )
    {
        int score = 75;                           //成绩
        char grade;                               //等级
            if(score> = 90&&score< = 100)         //成绩在 90~100 分?
```

```
            grade = ´A´;                                    //成绩在 90～100 分,等级为 A。
                else if(score> = 80 && score<90)
            grade = ´B´;                                    //成绩在 80～89 分,等级为 B。
                    else if(score> = 70 && score<80)
                grade = ´C´;                                //成绩在 70～79 分,等级为 C。
                else if(score> = 60 && score<70)
                grade = ´D´;                                //成绩在 60～69 分,等级为 D。
        else
        grade = ´E´;                                        //成绩小于 60 分,等级为 E。
    }
```

4.3.2　switch-case 语句

当处理比较复杂的问题时,可能会存在有很多选择分支的情况,如果还使用 if-else 的结构编写程序,则会使程序显得冗长,且可读性差。

格式

```
switch(条件表达式)
    {
        case 条件值 1:
        {语句 1;}
        break;
        case 条件值 2:
        {语句 2;}
        break;
        default;
        {语句 n;}
    }
```

图 4-8 所示为 switch-case 语句,与 if-else if 语句类似,但 switch-case 语句的格式较清楚而且有弹性。if-else if 语句是二选一的程序流程控制指令,而 switch-case 是多选一的程序流程控制指令。在 switch 内的条件表达式的运算结果必须是整数或字符,switch 以条件表达式运算的结果与 case 所指定的条件值对比,若与某个 case 中的条件值相同,则执行该 case 所指定的语句;若所有的条件值都不符合,则执行 default 所指定的语句。要结束 case 语句的执行时,可以使用 break 语句,但是一次只能跳出一层循环;要一次结束多个循环时,可以使用 goto 指令,但程序的流程将变得凌乱,所以应尽量少用或不用 goto 指令。

```
例:void setup( )
{ }
void loop( )
{
    int score = 75;                //成绩。
    int value;                     //数值。
```

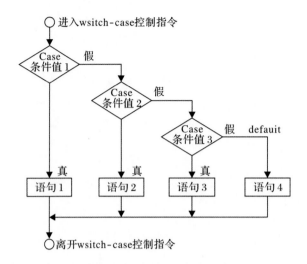

图 4 - 8 switch-case 语句

```
char grade;                  //等级。
value = score/10;            //取出成绩十位数值。
switch(value)
{                            //以成绩十位数值作为判断条件。
    case 10;                 //成绩为 100 分。
    grade = ´A´;             //成绩为 100 分,等级为 A。
    break;                   //结束循环。
    case9;                   //成绩在 90～99 分?
    grade = ´A´;             //成绩在 90～99 分,等级为 A。
    break;                   //结束循环。
    case8;                   //成绩在 80～89 分?
    grade = ´B´;             //成绩在 80～89 分,等级为 B。
    break;                   //结束循环。
    case7;                   //成绩在 70～79 分?
    grade = ´C´;             //成绩在 70～79 分,等级为 C。
    break;                   //结束循环。
    case 6;                  //成绩在 60～69 分?
    grade = ´D´;             //成绩在 60～69 分,等级为 D。
    break;                   //结束循环。
    default;                 //成绩小于 60 分?
    grade = ´E´;             //成绩小于 60 分,等级为 E。
    break;                   //结束循环。
    }
}
```

需要注意的是,switch 后的表达式的结果只能是整型或字符型,如果使用其他类型,则必须使用 if 语句。switch 结构会将 switch 语句后的表达式与 case 后的常量表达式比较,如果相符就运行常量表达式所对应的语句;如果都不相符,则会运行 default 后的语句;如果不存在 default 部分,程序将直接退出 switch 结构。

在进入 case 判断,并执行完相应程序后,一般要使用 break 语句退出 switch 结构。如果没有使用 break 语句,则程序会一直执行到有 break 的位置才退出或运行完该 switch 结构退出。

4.4 循环结构

循环结构又称重复结构,即反复执行某一部分的操作。有两类循环结构:"当"(while)循环和"直到"(until)循环。如图 4-9 所示,"当"型循环结构会先判断给定条件,当给定条件 P1 不成立时,即从 b 点退出该结构,当 P1 成立时,执行 A 框,执行完 A 框操作后,再次判断条件 P1 是否成立,如此反复。"直到"型循环结构会先执行 A 框,然后判断给定的条件 P2 是否成立,若成立即从 b 点退出循环,若不成立则返回该结构的起始位置 a 点,重新执行 A 框,如此反复。

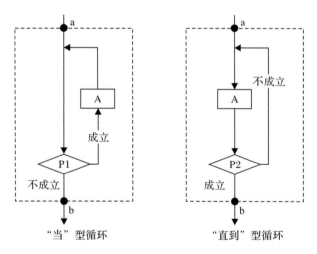

图 4-9 循环结构

4.4.1 while 循环

while 循环是一种"当"型循环。当满足一定条件后,才会执行循环体中的语句。

图 4-10 所示为 while 循环,它的类型是先判断型。while 循环体内的语句可能一次都不执行。当条件表达式为真时,执行"{ }"(大括号)中的语句,直到条件表达式为假时才结束 while 循环。若 while 条件表达式中没有初值表达式和增量(或减量)表达式,则必须在循环内的语句中设置。

格式

```
while(表达式)
{
    语句;
}
```

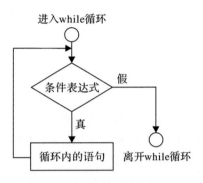

图 4 - 10　while 循环语句

例：
```
void setup( )
{ }
void loop( )
{
    int i = 0,s = 0;          //声明整数变量 i、s。
    while(i< = 10)             //当 i 小于或等于 10 时,执行 while 循环。
    {
    s = s + i;                //s = 1 + 2 + 3 + ⋯ + 10 = 55。
    i + + ;                   //递增 1。
    }
}
```

在某些 Arduino 应用中,可能需要建立一个死循环(无限循环)。当 while 后的表达式永远为真或者为 1 时,便是一个死循环,即:

```
while(1)
{
    语句;
}
```

4.4.2　do-while 循环

do-while 循环与 while 循环不同,是一种"直到"循环,它会一直循环到给定条件不成立时为止。它会先执行一次 do 语句后的循环体,再判断是否进行下一次循环。

格式

```
do
{
    语句;
}
while(条件表达式);
```

图 4 - 11 所示为 do-while 循环,它的类型是后判断型。会先执行"{}"(大括号)中的语句一次,然后判断条件表达式,因此 do-while 循环体内的语句至少执行一次。当条件表达式为真时,执行"{}"(大括号)中的语句,直到条件表达式为假才结束 do-while 循环。

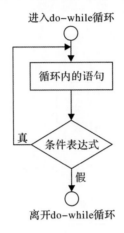

图 4 - 11　do-while 循环

例:
```
void setup( )
{ }
void loop( )
{
    int i = 0,s = 0;          //声明整数变量 i,s。
    do
    {
        s = s + i;            //s = 1 + 2 + 3 + … + 10。
        i + + ;               //递增。
    }
    while(i< = 10)            //当 i 小于或等于 10 时,执行 do-while 循环。
}
```

4.4.3　for 循环

图 4 - 12 为 for 循环语句,它比 while 循环更灵活,且应用广泛,它不仅适用于循环次数确定的情况,也适用于循环次数不确定的情况。while 和 do-while 都可以替换为 for 循环。

格式

for(表达式 1;表达式 2;表达式 3)

{

　　语句；

}

在一般情况下,表达式 1 为 for 循环初始化语句,表达式 2 为判断语句,表达式 3 为增量语句。图 4 - 12 所示为 for 循环,由初值表达式、条件表达式和增量或减量表达式 3 个部分组成,彼此之间以分号隔开。初值表达式可以设置为任何数值,若条件表达式为真,则执行"{ }"(大括号)中的语句,若条件表达式为假,则离开 for 循环。每次执行一次 for 循环内的语句后,按增量递增或按减量递减。

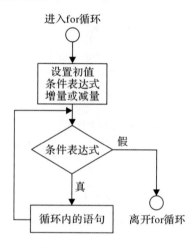

图 4 - 12　for 循环语句

例：void setup( )

　　{ }

　　void loop( )

　　{

　　　　int i,s = 0;　　　　　　　//声明整数变量 i,s。

　　　　for(i = 0;i< = 10;i + +)　　//当 i 小于或等于 10 时,执行 for 循环。

　　　　s = s + i;　　　　　　　//s = 1 + 2 + … + 10 = 55。

　　}

4.5　结束及跳转语句

循环结构中都有一个表达式用于判断是否进入循环。在通常情况下,当该表达式的结果为 false(假)时会结束循环。但有时候却需要提前结束循环,或是已经达到了一定条件,可以跳过本次循环,此时可以使用循环控制语句 break 和 continue 实现。

4.5.1　break

break 语句只能用于 switch 多分支选择结构和循环结构中,使用它可以终止当前的选择结构或者循环结构,使程序转到后续的语句运行。break 一般会搭配 if 语句使用,其一般形式为:

```
if(表达式)
{
    break;
}
```

4.5.2　continue

continue 语句用于跳过本次循环中剩下的语句,并且判断是否开始下一次循环。同样,continue 一般搭配 if 语句使用,其一般形式为:

```
if(表达式)
{
    continue;
}
```

4.5.3　goto 语句

goto 语句可以结束所有循环的执行,但是为了程序的结构化,应尽量少用 goto 语句,因为使用 goto 语句会造成程序流程的混乱,使得程序阅读更加困难,goto 语句所指定的标记(label)名称必须与 goto 语句在同一个函数内,不能跳到其他函数内。标记名称与变量写法相同,区别是标记名称后面必须加冒号。

格式

goto 标记名称 label

例:
```
void setup( )
  { }
void loop( )
  {
      int i,j,k;                    //声明整数变量 i,j,k。
      for(i = 0;i<1000;i + +)       //i 循环。
       for(j = 0;j<1000;j + +)      //j 循环。
        for(k = 0;k<1000;k + +)     //k 循环。
          if(analogRead(O)大于 500  //模拟引脚 O 读值大于 500。
          goto exit;               //模拟输入 A0 值>500,结束 i,j,k 循环。
      exit:                        //标记 exit。
      digitalWrite(13,HIGH);       //A0 值大于 500,设置 p13 状态为 HIGH。
  }
```

4.6 Blink 例程及程序流程图

在编写程序之前可以先画出流程图,以理清思路。例程 Blink 程序,用流程图可表示为图 4-13 所示的形式。

例:void setup( )

```
{
  pinMode(13,OUTPUT);      //定义数字引脚 13 为输出。
}

                          // 循环函数无限次执行

void loop( )
{
  digitalWrite(13,HIGH);   //设置为高电平,点亮 LED 等。
  delay(1000);             //延时 1 s.
  digitalWrite(13,LOW);    //设置引脚为低电平,关闭 LED 灯。
  delay(1000);             //延时 1 s.
}
```

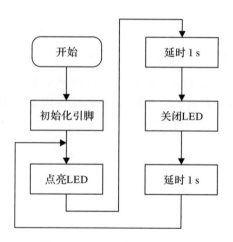

图 4-13　Blink 例程的流程图

4.7 Arduino 常用函数

所谓函数,是指将一些常用的语句集合起来,并且以一个名称来代表,如同在汇编语言中的子程序。当主程序必须使用到这些语句集合时才去调用执行此函数,如此可以减少程序代码的重复、增加程序的可读性。在调用函数之前都必须先声明该函数,而且传给函数的自变量数据类型以及函数返回值的数据类型都必须与函数原型定义的相同。

4.7.1　函数原型

所谓函数原型,是指传给函数的自变量数据类型与函数返回值的数据类型。函数原型的声明包含函数名称、传给函数的自变量数据类型和函数返回值的数据类型。当被调用的函数要返回数值时,函数的最后一个语句必须使用 return 语句。使用 return 语句有两个目的:一是将控制权交还给调用函数,二是将 return 语句"( )"(小括号)中的数值返给调用函数。return 语句只能从函数返回一个数值。

格式

返回值的类型函数名称(自变量 1 类型自变量 1,自变量 2 类型自变量 2,……,自变量 n 类型自变量 n)

例:void setup( )

```
{ }
void loop( )
{
  int x = 5,y = 6,sum;        //声明整数变量 x,y,sum。
  sum = area(x,y);            //调用 area 函数。
}
int area(int x,int y)         //计算面积函数 area0。
{
  int s;
  s = x * y;                  //执行 s = x * y 运算。
  return(s);                  //返回面积值 s = 30。
}
```

在前面的章节中,我们将变量作为自变量传入函数中,是将变量的数值传至函数,同时在函数中会另外分配一个内存空间给这个变量,这种方法称为传值调用。如果要将数组数据传入函数中,就必须传给函数两个自变量:一个是数组的地址,一个是数组的大小,这种方法称为传址调用。当传递数组给函数时,并不会将此数组复制一份给函数,只是把数组的起始地址传递给函数,函数再利用这个起始地址与下标值存取原来在主函数中的数组内容。

格式

返回值的类型函数名称(自变量 1 类型自变量 1,自变量 2 类型自变量 2,……,自变量 n 类型自变量 n)

例:void setup( )

```
{ }
void loop( )
{
    int result;                  //声明整数变量 result。
    int a[5] = {1,2,3,4,5 };     //声明整数数组 a[5]。
    int size = 5;                //声明整数变量 size。
    result = sum(a,size);        //传址调用函数 sum。
    Serial.println(result);
```

```
int sum(int a[],int size)        //函数 sum。
int i;                           //声明整数变量 i。
int result = 0;                  //声明整数变量 result。
for(i = 0;i<size;i + + )
result = result + a[i];          //计算数组中所有元素的总和。
return(result);                  //返回计算结果,result = 15。
}
```

4.7.2 数字 I/O 口操作函数

1. pinMode(pin,mode) 函数

Arduino 的 pinMode( )函数的作用是设置数字输入/输出引脚(In/Out,I/O)的模式。pinMode 函数有两个参数:

Pin:定义数字引脚的编号,在 Arduino UNO 板上有 0~13 共 14 个数字 I/O 引脚。也可以把模拟引脚(A0~A5)作为数字引脚使用,一般会放在 setup 中,先设置再使用。

Mode:表示设置的参数为 INPUT、INPUT_PULLUP 和 OUTPUT 三种模式,其中 INPUT 用于读取信号,设置引脚为高阻抗输入模式,INPUT_PULLUP 设置引脚为内含上拉电阻输入模式,而 OUTPUT 用于输出控制信号,设置引脚为输出模式。Arduino 的函数有大小写的区别,因此函数名称和参数的大小写必须完全相同。

例:pinMode(3,INPUT);   //设置数字引脚 2 为高阻抗输入模式。
pinMode(4,INPUT_PULLUP);   //设置数字引脚 3 为内含上拉电阻输入模式。
pinMode(8,OUTPUT);   //设置数字引脚 13 为输出模式。

2. digitalWrite(pin,value) 函数

Arduino 的 digitalWrite( )函数的作用是设置数字引脚的状态,函数的第一个参数 pin 用于定义数字引脚编号,第二个参数 value 用于设置引脚的状态(有 HIGH 和 LOW 两种状态)。如果所要设置的数字引脚已经由 pinMode( )函数设置为输出模式,那么 HIGH 电压为 5 V;LOW 电压为 0 V。在 Arduino 板上只有一个 5 V 电源引脚,如果需要一个以上的电源引脚时,可以使用数字引脚,再设置其输出为 HIGH 即可。该函数的作用是设置引脚的输出电压为高电平或低电平。该函数也是一个无返回值的函数。

注意:使用前必须先用 pinMode 设置。

例:pinMode(13,OUTPUT);   //设置数字引脚 13 为输出模式。
digitalWrite(13,HIGH);   //设置数字引脚 13 输出高电压。

3. digitalRead(pin) 函数

Arduino 的 digitalRead( )函数的作用是读取所指定数字引脚的状态,函数只有一个参数 pin(用于定义数字输入引脚的编号)。Digitalread( )函数所读取的值有 HIGH 和 LOW 两种输入状态。该函数在引脚设置为输入的情况下,可以获取引脚的电压情况:HIGH(高电平)或 LOW(低电平)。

例:int button = 9;   //设置第 9 脚为按钮输入引脚。
int LED = 13;   //设置第 13 脚为 LED 输出脚,内部连上

板上的 LED。

```
void setup( )
{
  pinMode(button,INPUT);          //设置为输入。
  pinMode(LED,OUTPUT);            //设置为输出。
}
void loop( )
{
  if(digitalRead(button) = = LOW)  //如果取高电平。
    digitalWrite(LED,HIGH);        //13 脚输出高电平。
  else
    digitalWrite(LED,LOW);         //否则输出低电平。
}
```

4.7.3　模拟 I/O 口操作函数

1. analogReference(type)函数

该函数用于配置模拟引脚的参考电压。有 3 种类型,DEFAULT 是默认值,参考电压是 5 V;INTERNAL 是低电压模式,使用片内基准电压源 2.56 V;EXTERNAL 是扩展模式,通过 AREF 引脚获取参考电压。

注意:若不使用本函数,默认参考电压是 5 V。使用 AREF 作为参考电压,需接一个 5 kΩ的上拉电阻。

2. analogRead(pin)函数

analogRead( )函数的作用是读取模拟输入引脚电压 0~5 V,并转换成数字值 0~1023,只有一个参数 pin 可以设置。在 UNO 板上的 pin 值为 0~5 或 A0~A5,在 Mini 和 Nano 板上的 pin 值为 0~7 或 A0~A7,在 Mega 板上的 pin 值为 0~15 或 A0~A15。因为内部使用了 10 位的模拟/数字转换器,所以 analogRead( )函数的返回值为整数 0~1023。用于读取引脚的模拟量电压值,每读取一次需要花 100 μs 时间。

注意:函数参数 pin 的取植范围是 0~5,对应板上的模拟口 A0~A5。

例:int val = analogRead(0);　　//读取模拟输入引脚 A0 的电压并转成数字值。

3. analogWrite(pin,value)函数

analogWrite( )函数的作用是输出脉宽调制信号(Pulse Width Modulation,PWM)到指定的 PWM 引脚,脉冲频率约为 500 Hz。PWM 信号可以用来控制 LED 的亮度或直流马达的转速,在使用 analogWrite( )函数输出 PWM 信号时已自动设置引脚为输出模式,不需要再使用 pinMode( )函数去设置引脚模式。

analogWrite( )两个参数必须设置,pin 参数设置 PWM 信号输出引脚,多数 Arduino 板使用 3、5、6、9、10、11 共 6 个引脚输出 PWM 信号,板上带 PWM 输出的都有"~"号。PWM 信号的周期为(ton/T)100%,value 参数可以设置脉冲宽度 ton,输出位数为 8 位,其值为 0~255,而 T 值固定为 255。

即脉冲宽度调制的方式在引脚上输出一个模拟量。图 4-14 所示为 PWM 输出的一般形式,就是在一个脉冲的周期内高电平所占的比例。主要用于 LED 亮度控制、电机转速控制等方面的应用。

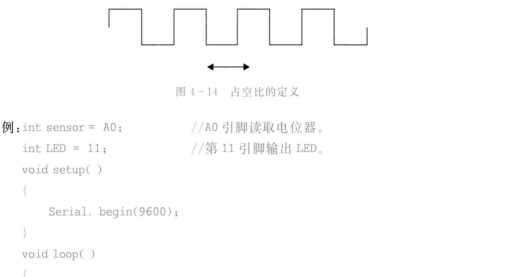

图 4-14 占空比的定义

例:
```
int sensor = A0;          //A0 引脚读取电位器。
int LED = 11;             //第 11 引脚输出 LED。
void setup( )
{
    Serial. begin(9600);
}
void loop( )
{
    int v;
    v = analogRead(sensor);
  Serial. println(v,DEC); //可以观察读取的模拟量。
    analogWrite(LED,v/4);   //读回的值范围 0~1023,除以 4 才能得到 0~255 的
                            区间值。
}
```

4.7.4 高级 I/O PulseIn(pin,state,timeout)函数

该函数用于读取引脚脉冲的时间长度,脉冲可以是 HIGH 或者 LOW。如果是 HIGH,该函数将先等引脚变为高电平,然后开始计时,一直等到变为低电平。返回脉冲持续的时间长度,单位为毫秒,如果超时没有读到时间,则返回 0。

例程说明:做一个按钮脉冲计时器,测一下按钮的持续时间,测测谁的反应快,看谁能按出最短的时间,按钮接在第 3 引脚。

例:
```
int button = 3;
int count;
void setup( )
{
    pinMode(button,INPUT);
}
void loop( )
{
```

```
    count = pulseIn(button,HIGH);
 if(count ! = 0)
 {
    Serial.println(count,DEC);
    count = 0;
 }
 }
```

4.7.5　时间函数

使用延时函数 delay( )或 delayMicroseconds( )可以暂停程序,并可通过参数来设定延时时间,用法是:

```
delay( );
```

此函数为毫秒级延时,参数的数据类型为 unsigned long delayMicroseconds( )

此函数为微秒级延时,参数的数据类型为 unsigned int。在 Blink 程序中,通过使用延时函数使 LED 按照一定频率闪烁。

1. delay( )

该函数是延时函数,参数是延时的时长,单位是 ms(毫秒)。应用延时函数的典型例程是跑马灯的应用,使用 Arduino 开发板控制四个 LED 灯依次点亮。

例:

```
void setup( )
{
    pinMode(6,OUTPUT);      //定义为输出。
    pinMode(7,OUTPUT);
    pinMode(8,OUTPUT);
    pinMode(9,OUTPUT);
}
void loop( )
{
    int i;
    for(i = 6;i< = 9;i + + )//依次循环四盏灯。
{
    digitalWrite(i,HIGH);  //点亮 LED。
    delay(1000);             //持续 1 s。
    digitalWrite(i,LOW);   //熄灭 LED。
    delay(1000);             //持续 1 s。
}
}
```

2. delayMicroseconds( )

delayMicroseconds( )也是延时函数,不过单位是 μs(微秒),1 ms=1000 μs。该函数可以产生更短的延时。

3. Millis( )

Millis( )为计时函数,应用该函数可以获取单片机通电到现在运行的时间长度,单位是 ms。系统最长记录时间为 9 小时 22 分,超出从 0 开始。返回值是 unsigned long 型。

该函数适合作为定时器使用,不影响单片机的其他工作(而使用 delay( )函数期间无法进行其他工作)。计时时间函数使用示例,延时 10 s 后自动点亮的灯。

例:

```
int LED = 13;
unsigned long i,j;
void setup( )
{
    pinMode(LED,OUTPUT);
    i = millis( );                    //读入初始值。
}
void loop( )
{
    j = millis( );                    //不断读入当前时间值。
    if((j-i)> 10000)                  //如果延时超过 10 s,点亮 LED。
{
    digitalWrite(LED,HIGH);
}
    else digitalWrite(LED,LOW);
}
```

4. Micros( )

Micros( )也是计时函数,该函数返回开机到现在运行的微秒值。返回值是 unsigned long 型,70 分钟溢出。

例:显示当前的微秒值。

```
unsigned long time;
void setup( )
{
  Serial.begin(9600);
}
void loop( )
{
  Serial.print("Time");
  time = micros( );                   //读取当前的微秒值。
```

```
    Serial. println(time);                //打印开机到目前运行的微值。
    delay(1000);                          //延时 1 s。
}
```

以下例程为跑马灯的另一种实现方式：

```
int LED = 13;
unsigned long i,j;
void setup( )
  {
  pinMode(LED,OUTPUT);
  i = micros( );                          //读入初始值。
  }
void loop( )
{
  j = micros( );                          //不断读入当前时间值。
  if(j - i)>1000000)                      //如果延时超过 10 s,点亮 LED。
  {
  digitalWrite(LEDl + k,HIGH);
  }
  else digitalWrite(LED,LOW);
}
```

4.7.6　数学函数

1. min(x,y)

min(x,y)函数的作用是返回 x、y 两者中较小的。

函数原型为：

```
♯define min(a,b)     ((a)<(b)? (a):(b))
```

2. max(x,y)

max(x,y)函数的作用是返回 x、y 两者中较大的。

函数原型为：

```
♯define max(a,b)     ((a)>(b)? (a):(b))
```

3. abs(x)

abs(x)函数的作用是获取 x 的绝对值,函数原型为：

```
♯define abs(x)     ((x)>0? (x):-(x))
```

4. constrain(amt,low,high)

constrain(amt,low,high)函数的工作过程是,如果值 amt 小于 low,则返回 low;如果 amt 大于 high,则返回 high;否则,返回 amt。该函数一般可用于将值归一化到某个区间内。

函数原型为：

```
♯define constrain(amt,low,high)
```

```
((amt)<(low)? (low):((amt)>(high)? (high):(amt)))
```

5. map(x,in_min,in_max,out_min,out_max)

map(x,in_min,in_max,out_min,out_max)函数的作用是将[in_min,in_max]范围内的 x 等比映射到[out_min,out_max]范围内。函数返回值为 long 型。

6. 三角函数

三角函数包括 sin(rad)、cos(rad)、tan(rad),分别得到 rad 的正弦值、余弦值和正切值。返回值都为 double 型。

4.7.7 中断函数

什么是中断? 实际上在人们的日常生活中非常常见。例如,图 4-15 所示的中断概念。你在看书,电话铃响,于是你在书上做上记号,去接电话,与对方通话;门铃响了,有人敲门,你让打电话的对方稍等一下,你去开门,并在门旁与来访者交谈,谈话结束,关好门;回到电话机旁,继续通话,接完电话后再回来从做记号的地方接着看书。

同样的道理,在单片机中也存在中断概念,如图 4-16 所示,在计算机或者单片机中中断是由于某个随机事件的发生,计算机暂停原程序的运转去执行另一程序(随机事件),处理完毕后又自动返回原程序继续运行的过程,也就是说,高优先级的任务中断了低优先级的任务。在计算机中中断包括如下三部分:

中断源——引起中断的原因,或能发生中断申请的来源。

主程序——计算机现行运行的程序。

中断服务子程序——处理突发事件的程序。

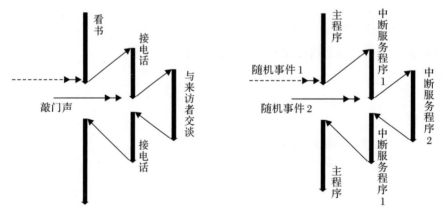

图 4-15 中断的概念   图 4-16 单片机中的中断

1. attachInterrupt(interrupt,function,mode)

该函数用于设置中断,函数有 3 个参数,分别表示中断源、中断处理函数和触发模式。中断源可选 0 或者 1,对应 2 或者 3 号数字引脚。中断处理函数是一段子程序,当中断发生时执行该子程序部分。触发模式有 4 种类型:LOW(低电平触发)、CHANGE(变化时触发)、RISING(低电平变为高电平触发)、FALLING(高电平变为低电平触发)。例程功能如下:

数字 D2 口接按钮开关,D4 口接 LED1(红色),D5 口接 LED2(绿色)。在例程中,LED3 为板载的 LED 灯,每秒闪烁一次。使用中断 0 来控制 LED1,中断 1 来控制 LED2。按下按钮,立即响应中断,由于中断响应速度快,LED3 不受影响,继续闪烁。使用不同的 4 个参数,例程 1 试验 LOW 和 CHANGE 参数,例程 2 试验 RISING 和 FALLING 参数。

例 1:

```
volatile int statel = LOW,state2 = LOW;
int LED1 = 4;
int LED2 = 5;
int LED3 = 13;                              //使用板载的 LED 灯
void setup( )
{
  pinMode(LEDl,OUTPUT);
  pinMode(LED2,OUTPUT);
  pinMode(LED3,OUTPUT);
  attachlnterrupt(0,LEDl_Change,LOW);       //低电平触发
  attachlnterrupt(1,UED2_Change,CHANGE);    //任意电平变化触发
}
void loop( )
{
  digitalWrite(LED3,HIGH);
  delay(500);
  digitalWrite(LED3,LOW);
  delay(500);
}
  void LEDl_Change( )
  {
    statel = ! statel;
    digitalWrite(LED1,statel);
    delay(100);
  }
  void LED2_Change( )
  {
    state2 = ! state2;
    digitalWrite(LED2,state2);
    delay(100);
  }
```

例 2:

```
volatile int statel = LOW,state2 = LOW;
int LED1 = 4;
```

```
int LED2 = 5;
int LED3 = 13;
void setup( )
{
  pinMode(LED1,OUTPUT);
  pinMode(LED2,OUTPUT);
  pinMode(LED3,OUTPUT);
  attachlnterrupt(0,LEDl_Change,RISING);          //电平上升沿触发
  attachlnterrupt(1,LED2_Change,FALLING);         //电平下降沿触发
}
void loop( )
{
  digitalWrite(LED3,HIGH);
  delay(500);
  digitalWrite(LED3,LOW);
  delay(500);
}
void LED1_Change( )
{
  statel = ! statel;
  digitalWrite(LED1,statel);
  delay(100);
}
void LED2_Change( )
{
  state2 = ! state2;
  digitalWrite(LED2,state2);
  delay(100);
}
```

2. detachlnterrupt(interrupt)

该函数用于取消中断,参数 interrupt 表示所要取消的中断源。

4.7.8 串口通信函数

串行通信接口(Serial Interface)是指数据一位位地顺序传送,其特点是通信线路简单,只要一对传输线就可以实现双向通信的接口。串行通信接口出现是在 1980 年前后,数据传输率是 115~230 Kb/s。串行通信接口出现的初期是为了实现计算机外设的通信,初期串口一般用来连接鼠标和外置 Modem,以及老式摄像头和写字板等设备。

由于串行通信接口(COM)不支持热插拔及传输速率较低,目前部分新主板和大部分便携电脑都已开始取消该接口,目前串口多用于工控和测量设备以及部分通信设备中,包括各

种传感器采集装置,GPS 信号采集装置,多个单片机通信系统,门禁刷卡系统的数据传输,机械手控制、操纵面板控制电机等,特别是广泛应用于低速数据传输的工程应用。

1. Serial. Begin( )

该函数用于设置串口的波特率,即数据的传输速率,每秒钟传输的符号个数。一般的波特率有 9600、19200、57600、115200 等。示范:Serial. begin(57600);

2. Serial. available( )

该函数用来判断串口是否收到数据,函数的返回值为 int 型,不带参数。

3. Serial. read( )

该函数不带参数,只将串口数据读入。返回值为串口数据,int 型。

4. Serial. Print( )

该函数向串口发数据。可以发变量,也可以发字符串。

例 1:Serial. print("today is good");

例 2:Serial. print(x,DEC);　　　　　//以十进制发送 x

例 3:Serial. print(x,HEX);　　　　　//以十六进制发送变量 x

5. Serial. Println( )

该函数与 Serial. print( )类似,只是多了换行功能。串口通信函数使用例程如下:

例:

```
int x = 0;
void setup( )
{
  Serial.begin(9600);              //波特率 9600
}

void loop( )
{
  if(Serial.available( ))
  {
    x = Serial.read( );
    Serial.print{"I have received:");
    Serial.println(x,DEC);         //输出并换行
  }
  delay(200);
}
```

科学精神培养

追求真理

　　追求真理,就是要坚信科学,反对迷信。只承认不依赖任何人的主观意志而存在的客观世界,只承认正确反映这个客观世界的科学真理,否认一切教条。

　　相信客观世界在本质上是有规律的和可以认识的,坚信真理一定能战胜谬误,一切伪科学都将在真理面前破产。这是建立在人类的实践史和认识基础上的科学信仰,它不仅是发现真理的思想基础,而且是坚持真理的精神支柱。

　　追求真理,就要有求实的精神,要坚持实践第一的观点。一位伟人曾说过:一步实际的行动,比一打纲领更重要。实践出真知,当今世界上一切财富、一切科学成果都是靠体力和脑力劳动的实践创造出来的。

　　追求真理,就要深入实际、坚持实干,要勇于坚持真理修正错误。坚持真理,有时比发现真理更难。一种新创见、新科技成果的问世,常会面临一些人的抗拒和否定。不能坚持真理,科技成果就会遇到冷落和埋没,科技发展便会被延缓,社会进步就将受到阻碍。

本章习题

1. 利用双分支结构编写简单程序。
2. 请写程序设置引脚 12 为高低电平交替,中间间隔时间为 1 s。
3. 请写程序读出模拟引脚 5 的值。
4. 触发中断的模式有哪些?
5. 设置串口的波特率一般有哪些值?

第 5 章　Arduino 硬件基础

在 Arduino 实验的过程中,硬件基础必不可少,在实验前掌握基础元器件,了解第三方软件,掌握单片机的基本概念及内部结构,有利于实验的顺利进行。本章主要介绍内容如下:

- 电子元器件及常用工具;
- 单片机及 Atmel AVR 单片机;
- Fritzing 软件的使用方法以及简单的电路设计。

5.1　电子技术基础学习

5.1.1　电子元件

1. 电阻器

常用的电子元件种类很多,在学习 Arduino 的过程中常会遇到这些元件,别看元件的个头不大,作用却不可替代,一个完整的电路必然会出现一些电子元件,下面就来介绍这些电子元件。电阻器简称电阻,是一种常见的控制电压电流的电子元件,其表面的色环表示其阻值,5 色环一般指精密电阻,4 色环一般指普通电阻。电阻器的单位为 Ω,称作欧姆。电阻器一般如图 5-1 所示。

图 5-1　电阻器

(1)电子元器件的命名方法。熟悉、了解电子元器件的型号命名及标注方法,对于选择、购买、使用元器件,进行技术交流,都是非常必要的。通常电子元器件的名称由四个部分组成。

第一个部分主称代表种类。如：R 表示电阻器，C 表示电容器，L 表示电感器，W 表示电位器等；半导体分立器件和集成电路的名称也由国家标准规定了具体意义，如二极管的主称用数字 2 表示，三极管的主称用数字 3 表示。

第二个部分代表材料。

第三个部分代表类别，一般按用途或特征进行分类。

第四个部分代表序号，它表示元器件的规格和性能。

（2）型号及参数在电子元器件上的标注。电子元器件的名称及各种参数，应当尽可能在元器件的表面上标注出来。常用元器件标注方法有直标法、数标法、文字符号法和色标法 4 种。

①直标法。把元器件的名称及主要参数直接印制在元件的表面上即为直标法，这种标注方法直观，只能用于标注体积比较大的元器件。

②文字符号法。文字符号法是用阿拉伯数字和文字符号两者有规律的组合来表示标称阻值，其允许偏差也用文字符号表示。符号前面的数字表示整数阻值，后面的数字依次表示第一位小数阻值和第二位小数阻值。误差也用文字符号来表示。电阻的基本标注单位是 Ω（欧），如电阻器上标：R10 J 表示其阻值为 0.1 Ω，误差为 ±5％；3R9 表示阻值为 3.9 Ω；4K7 表示阻值为 4.7 kΩ。

③数标法。数标法是在元器件表面用三位数码表示标称值的标志方法。数码从左到右，第一、二位为有效值，第三位为指数，即零的个数。

如：电阻器上标：100 表示其阻值为 $10 \times 10^0 = 10$ Ω，标 273 表示其阻值为 $27 \times 10^3 = 27$ kΩ。

④色环标注法。色环标注法用颜色、色环、色点、色带来表示元件的主要参数。色环最早就是用于标注电阻的，其标志方法也最为成熟、统一。现在，能否识别色环电阻，已经是电子行业从业人员考核的基本项目之一。它分四环标注法和五环标注法，各色环所代表的意义如图 5-2 所示。

普通电阻采用四个色环标注，第一、二环表示有效数字，第三环表示倍率（乘数），与前三

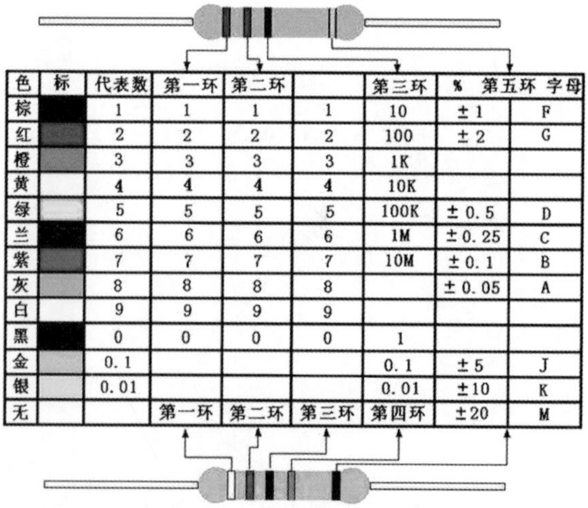

色	标	代表数	第一环	第二环		第三环	%	第五环 字母
棕		1	1	1	1	10	±1	F
红		2	2	2	2	100	±2	G
橙		3	3	3	3	1K		
黄		4	4	4	4	10K		
绿		5	5	5	5	100K	±0.5	D
兰		6	6	6	6	1M	±0.25	C
紫		7	7	7	7	10M	±0.1	B
灰		8	8	8	8		±0.05	A
白		9	9	9	9			
黑		0	0	0	0	1		
金		0.1				0.1	±5	J
银		0.01				0.01	±10	K
无			第一环	第二环	第三环	第四环	±20	M

图 5-2　色环所代表的意义

环距离较大的第四环表示允许偏差,且必为金色或银色。例如,红、红、红、银四环的阻值为 $22×10^2＝2200$ Ω,允许偏差为 $±10\%$;又如,绿、蓝、金、金四环表示的阻值 $56×10^{-1}$ 即 5.6 Ω,允许偏差为 $±5\%$。

精密电阻采用五个色环标注,前三环表示有效数字,第四环表示倍率,与前四环距离大的第五环表示允许偏差。例如,棕、黑、绿、棕、棕五环表示阻值 $105×10^1$ 即 1050 Ω,允许偏差为 $±1\%$。

(3)电阻器的选用。

①考虑元器件外形尺寸及价格。

②根据电阻器的主要参数进行选择。选用阻值符合标称系列的电阻;一般使额定功率约是实际功率的 1.5~2 倍。

③根据电路性质进行选择。对高、低频电路注意频率和噪声特性。高频电路选择碳膜电阻、金属膜电阻、氧化膜电阻。高增益小信号电路选择金属膜电阻、碳膜电阻、线绕电阻。线绕电阻因其固有电感较大,不能在高频电路中使用。

④根据电路的工作条件及具体要求进行选择。

对稳定性、耐热性、可靠性要求比较高的电路,应该选用金属膜或金属氧化膜电阻;如果要求功率大、耐热性能好、工作频率又不高,则可选用线绕电阻;对于无特殊要求的一般电路,可使用碳膜电阻,以便降低成本。

(4)电阻器的检测及质量判别。

①看电阻器表面有无烧焦,引线有无折断现象。

②再用万用表电阻挡测量阻值,合格的电阻值应该稳定在允许的误差范围内,如超出误差范围或阻值不稳定,则不能选用。

③根据"电阻器质量越好,其噪声电压越小"的原理,使用"电阻噪声测量仪"测量电阻噪声,判别电阻质量的好坏。

2. 发光二极管

发光二极管(LED)作为常见的指示元件,短引脚为负极,长引脚为正极,一般工作电压 18 V、45 V,电流为几十至几百 mA,图 5-3 所示为一个发光二极管。

图 5-3 发光二极管

3. 开关

开关即机械开关,用的有拨动开关、微动开关、按钮开关、DIP 开关等,主要用来实现电的连接与断开,如图 5-4 所示。

图 5-4 开关

4. 电容器

电容器简称电容,是一种储能元件,能实现过滤、耦合等功能,其换算单位是 $1\ F=10^6\ \mu F=10^9\ nF=10^{12}\ pF$,常见的电容有独石电容和电解电容,独石电容没有正负极,上面标写的数值代表其容量,如 104 为 $10^4\ pF=0.01\ \mu F$。电解电容带有正负极,长脚为正短脚为负,负极一侧有一条白色的指示带作为标示,电容上印有额定电压和容量。电容器如图 5-5 所示。

图 5-5 电容器

5. 晶体振荡器

石英晶体振荡器简称晶振,是以机械的方式产生系统时钟信号的,常见的晶振分为有源晶振和无源晶振,如图 5-6 所示。

6. 七段数码管

七段数码管是由七个发光二极管组成的电子元件,可以独立地发光和熄灭,表面可以显示 0~9 数字,七段数码管又

图 5-6 晶体振荡器

分为共阴极和共阳极两种类型,电源与所有的发光二极管的正极相连为共阳极,反之为共阴极,七段数码管如图 5-7 所示。

图 5-7　七段数码管

7. 蜂鸣器

蜂鸣器是一种报警装置,能实现电声转换,只要两个引脚接上电压,即可发出声音,一般工作电流为 35 mA,电压有 3 V、6 V、12 V 等几种。常见的蜂鸣器如图 5-8 所示。

图 5-8　蜂鸣器

8. 电位器

电位器可以实现通过旋转调电阻的功能,内部实现上可以等价成为一种滑动变阻器。它有 3 个引脚 A、B、P,如图 5-9 所示。

图 5-9　电位器

5.1.2　基本工具介绍

俗话说"工欲善其事,必先利其器",在使用 Arduino 控制板进行电子电路实验或专题制作前,对基本手动工具要有一定的认识,且能熟练使用才能发挥事半功倍的效果。常用的基本手动工具有面包板、电烙铁、剥线钳、尖嘴钳、斜口钳等。

1. 面包板

图 5 - 10 所示为大小规格是 85 mm×55 mm 的面包板（Bread Board），经常应用于学校教学或科研单位的电子电路实验上。使用者完全不需要使用电烙铁焊接，就可以直接将电子电路中所使用到的电子元件利用单芯线快速地完成接线，并且进行电路特性的测量，以验证电子电路功能的正确性。

面包板使用简单，具有快速更换电子元件或电路接线的优点，能有效地减少开发产品所需的时间。经由面包板实验成功后再绘制并制作印刷电路板（Printed Circuit Board，PCB），最后使用电烙铁将电子元件焊接在 PCB 上，以完成专题制作。

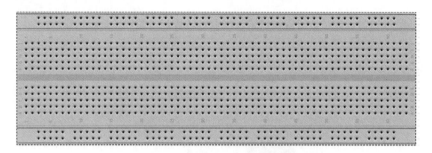

图 5 - 10　面包板

面包板的内部结构，由长条形的铜片组成。其中，水平为电源正、负端接线处，各由 25 个插孔连接组成 100 孔；垂直为电路接线处，每 5 个插孔为一组，连接组成 300 孔，孔与孔的距离为 2.54 mm。对于较大的电子电路，也可以利用面包板上、下、左、右侧的卡榫，轻松扩展组合成更大的面包板使用。在使用面包板进行电子电路实验时，应避免将过粗的单芯线或电子元件插入面包板插孔内，以免造成插孔松弛而导致电路接触不良的故障。如果所使用的单芯线或元件已经弯曲，就先使用尖嘴钳将其拉直，这样比较容易插入面包板的插孔，如图 5 - 11 所示。

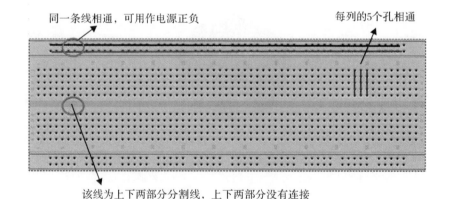

图 5 - 11　面包板内部线路连接

有时候使用图 5-12 所示的 Arduino 原型(proto)扩展板和 45 mm×35 mm 小型面包板会比较方便。原型扩展板的所有引脚与 Arduino UNO 板的引脚完全兼容。可直接将元件焊接于原型扩展板上,或者将面包板以双面胶粘贴于扩展板上,再将元件插到面包板上。

图 5-12　Arduino 原型(proto)扩展板和 45 mm×35 mm 小型面包板

2. 杜邦线

杜邦线经常被用于学校教学实验上,可以与面包板或模块配合使用,以省去焊接的麻烦,快速完成电子电路的连接和进行电路功能的验证。

(1)接头类型。图 5-13 所示为杜邦线的接头类型,可分成插头对插头、插头对插座、插座对插座 3 种类型。使用者可根据 Arduino 控制板与所连接的面包板或模块的接头类型,选择适当的杜邦线来使用。

图 5-13　杜邦线

(2)组合数量。杜邦线的组合,可分成 1 pin、2 pin、4 pin、8 pin 四种组合。另外,杜邦线也有 10 cm、20 cm、30 cm 等多种长度可选择,可根据实际需求来购买或自制。杜邦线的接线常按色码的颜色顺序排列,以方便识别。

3. 电烙铁

图 5-14 所示为电子用电烙铁,主要用于电子元件和电路的焊接,由烙铁头、加热丝、握柄和电源线 4 部分组成。电烙铁的工作原理是使用交流电源加热电热丝,并将热源传导至烙铁头来熔锡焊接。常用电烙铁电热丝最大功率规格有 30 W、40 W 等,所使用的烙铁头宜

选用合金材料,每次焊接前先使用海锦清洁烙铁头才不会因焊锡氧化焦黑而不易焊接,造成冷焊,从而造成接触不良。

图 5-14　电烙铁

4.剥线钳

图 5-15 所示为电子用剥线钳,剥线钳同时具有剥线、剪线、压接等多项功能,购买时要根据自己所使用的线材规格选用合适的剥线钳。

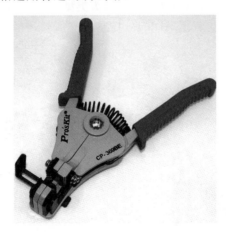

图 5-15　剥线钳

5.尖嘴钳

图 5-16 所示为电子用尖嘴钳,一般使用尖嘴钳来平整电子元件或单芯线,并将电子元件或单芯线插入面包板或 PCB 中,不但可以使电路排列整齐美观,而且维修也很容易。

6.斜口钳

图5-17所示为斜口钳。一般使用斜口钳来剪除多余的电子元件引脚或过长的单芯线头。斜口钳应避免用来剪除较粗的单芯线,以免造成斜口处的永久崩坏。单芯线又称为实心线,是由单一铜线导体和绝缘层组成的,美标的常用标准线为 AWG(American Wire Gauge),单位以英寸(inch)表示,国际通用标准线的线径单位一般以毫米(mm)表示。

图5-16　尖嘴钳　　　　　　　　　　图5-17　斜口钳

7.自动机器人

自动机器人按照其使用的车轮数量可分为三轮式自动机器人和四轮式自动机器人两种,根据其驱动方式可分为二轮驱动、三轮驱动和四轮驱动等多种。无论使用何种组合,最少都必须使用两组马达来驱动,才能控制自动机器人的转向和转速。

(1)三轮式自动机器人。图5-18所示为万向轮,除了用来支撑车体外,还可保持自动机器人行走顺畅,一般会将万向轮安装于车体前方、后方,或前后方同时安装。

图5-18　万向轮

图5-19所示为三轮式自动机器人的车体,使用两组减速直流马达和一个万向轮组成。

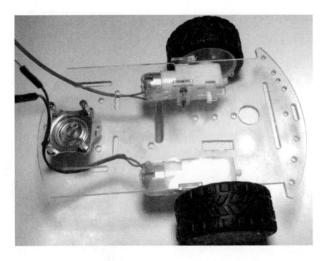

图 5 - 19　三轮机器人

(2)四轮式自动机器人。常见的四轮式自动机器人如图 5 - 20 所示,使用两组减速直流马达和 4 个车轮组成。

图 5 - 20　四轮机器人

5.2　单片机简介

本节主要介绍 Arduino 的处理器,也就是被称为"大脑"的单片机,单片机全称为单片微型计算机(Single-Chip Microcomputer),又被称为微控制器。它不是完成某一个逻辑功能的芯片,而是把中央处理器、存储器、定时/计数器、输入输出装置等集成在一块集成电路芯片上的微型计算机。

单片机于 1971 年诞生,早期的单片机都是 8 位或 4 位的。其中最著名的是 Intel 公司研制生产的 8051,此后在 8051 的基础上发展出了 MCS51 系列和 MCU 系统。基于这一系统的单片机系统得到了广泛使用。随着电子科技的发展和工业控制领域要求的提高,后来出现了 16 位单片机,但是因为价格太高并没有得到广泛应用。90 年代之后才是单片机盛行的时代,随着 Intel i960 系列特别是后来的 ARM 系列的广泛应用,32 位单片机迅速取代了 16 位单片机的高端地位,开始占领主流市场。

　　目前研发和生产单片机的著名公司有美国的英特尔(Intel)、美国国家半导体公司(NS)、美国德克萨斯仪器仪表公司(TI)、美国 Atmel、日本松下(National)、日本电气公司(NEC)等。表 5-1 介绍了世界上著名的几家 8 位单片机生产厂家和部分主要机型。

表 5-1　世界上较著名的部分 8 位单片机生产厂家及其部分主要机型

公司名称	所在地	主要机型
Intel(英特尔公司)	美国	MCS-51/96 及其增强型列
RCA(美国无线电)公司	美国	CDP1800 系列
TI(美国得克萨斯仪器仪表)公司	美国	TMS700 系列
Cypress(美国 Cypress 半导体)公司	美国	CYXX 系列
Rockwell(美国洛克威尔)公司	美国	6500 系列
Motorola(美国摩托罗拉)公司	美国	6805 系列
Fairchild(美国仙童)公司	美国	FS 系列及 3870 系列
Zilog(美国齐洛格)公司	美国	Z8 系列及 SUPER8 系列
Atmel(美国 Atmel)公司	美国	AT89 系列
National(日本松下)公司	日本	MN6800 系列
NEC(日本电气)公司	日本	UCOM87(UPD7800)系列
Philips(荷兰菲利浦)公司	荷兰	P89C51XX 系列

　　根据冯诺依曼计算机体系结构,历史上公认的计算机经典结构是由运算器、控制器、存储器和输入设备、输出设备组成的,而单片机将 CPU(中央处理单元)、存储器、I/O 接口电路集成到一块芯片上,作为一个非常微型的计算机,单片机主要构成部分如图 5-21 所示。

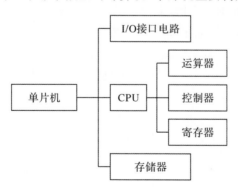

图 5-21　单片机主要组成部分

　　现在,单片机的使用领域已经十分广泛,如智能仪表、实时工业控制、通信设备、医用设备、航空航天、导航系统、家用电器等。各种电子产品一旦用上单片机,常在产品名称前冠以形容词"智能型",这也说明单片机对电子产品起到了升级换代的作用。同时,单片机加强了产品加密的可靠性。

单片机自被研制产生以来得到了快速发展,如今,单片机的发展可以说又进入了一个新的阶段,其正向着高性能和多品种方向发展,发展趋势将是进一步向着低功耗、小体积、大容量、高性能、低价格等几个方面发展。

5.3 Atmel AVR 单片机

Atmel 公司有基于 8051 内核、AVR 内核和 ARM 内核的三大系列微处理器,其单片机产品中,使用了先进的 EEPROM 和 Flash ROM 快速存储技术,在结构、性能和价格功能等方面具有很大优势。可以说,Atmel 公司对 Arduino 的出现起了很大的推动作用,Atmel 提供了 Arduino 开发板使用的核心处理器,而且其单片机的优点也被 Arduino 很好地继承并且扩展开来。本节将对 AVR 单片机进行详细介绍。

1.Arduino 与 AVR

Arduino 开发板上的单片机使用的是 Atmel 公司生产的 AVR 单片机。AVR 单片机是 1997 年被 Atmel 研发出来的、增强型内置 Flash 的 RISC(Reduced Instruction Set CPU)精简指令集高速 8 位单片机。相比较早出现的 51 单片机系列,AVR 系列的单片机片内资源更加丰富,拥有更多更强大的接口,同时具有廉价的优势,在很多场合可以代替 51 单片机。Arduino 使用的单片机型号是 ATmega 328、ATmega 2560,都属于 Atmel 的 8 位 AVR系列的 ATmega 分支。

Atmel 公司生产的 AVR 单片机是使用 RISC 结构的 8 位单片机,采用了单级流水线、快速单周期指令系统等先进技术,具有 1MIPS/MHz 的高速运行处理能力。

Atmel 公司生产的 AVR 单片机还具有如下特点:

(1)简单易学,成本廉价。

(2)高处理速度,低功耗,保密性强。

(3)I/O 口功能多,具有 AD 转换等特性。

(4)具有功能强大的定时器/计数器及串口等通信接口。

目前,AVR 单片机被广泛应用在空调控制板、打印机控制板、智能手表、智能手电筒、LED 控制屏、医疗设备等方面,其较高的性价比和开发廉价快捷的特性十分受欢迎。Arduino UNO 开发板上的 AVR 单片机 ATmega 328 主要封装了 CPU、存储器、时钟和外围设备等,如图 5-22 所示。

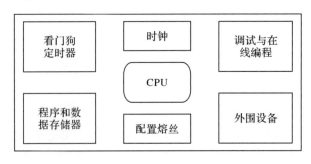

图 5-22 AVR ATmega 328 功能部分

看门狗定时器(Watch Dog Timer,WDT)是单片机的一个组成部分,实际上这是一个计数器,工作时给看门狗一个大数,程序开始运行后看门狗开始倒计数。如果程序运行正常,过一段时间 CPU 应发出指令让看门狗复位,重新开始倒计数。如果看门狗减数减到 0,就认为程序没有正常工作,强制整个系统复位。

AVR 配置熔丝并不像熔丝一样只能使用一次,相比其他厂家的芯片,AVR 配置熔丝可以反复擦写,即可以进行多次编程。一般配置熔丝是由外部芯片编程器进行读写的,配置熔丝控制了单片机的一些运行特性。ATmega 328 和 ATmege 2560 都有 3 个熔丝字节:1 个高字节、1 个低字节、1 个扩展字节。每个字节均有 8 个独立的熔丝配置。熔丝位状态包括 Unprogrammed(禁止)表示 1:未编程和 Programmed(允许)表示 0:编程。在没有把握的情况下不要轻易设置熔丝位,以免芯片报废。

时钟系统由一个片内振荡器组成,其时钟频率是由外部的晶体或振荡器决定的。因为石英等材料受力产生电性的压电效应,石英或陶瓷被用作产生系统振荡脉冲的谐振元件。这个谐振元件就是 Arduino 片内时钟系统的频率来源,同时,在片内也有两个电阻电容振荡器,频率分别是 8.0 MHz 和 128 kHz,这两个振荡器也可以提供时钟的频率。

ATmega 328 处理器可工作的电压范围很大,从 1.8 V 到 5.5 V 都可以工作。因此很适合用电池供电。AVR 单片机的片内其他部件,将会在下一节进行详细介绍。

2. 芯片封装

自从微处理芯片诞生以来,各种各样的微处理器得到了快速发展。处理器在电路复杂时需要同其他设备一起工作,为了便于芯片的焊接、插放固定在电路板上,同时为了保护芯片,芯片封装技术便发展起来。芯片封装是指安装在半导体集成电路芯片上的外壳,其不仅起着安放、固定、密封、保护芯片和增强导热性能的作用,而且还是沟通芯片内部电路同外部电路的桥梁。芯片上的接点通过导线连接到封装外壳的引脚上,这些引脚又通过印刷电路板(PCB)上的导线与其他器件建立连接。

ATmega 328 芯片一般采用的封装形式是塑料双列直插(PDIP),完整产品型号的最后两个字母表示封装类型和温度范围。这种封装方式芯片插在插座里,可以小心地拔下来再次插入,但是多次插拔后可能会造成引脚损坏。另外,安装芯片时应注意芯片的引脚标记,以免插错。

ATmega 328 还有其他的封装形式,包括 4 mm×4 mm 的塑料 VQFN(Very thin Quad Flat No lead package)和 4 mm×4 mm 的 UFBGA(Ultra thin Finc-pitch Ball Grid Array package)。这些微型的封装一般都用在类似移动设备的有特殊要求的产品上。此外,Arduino团队还发布了允许安装两种 SMD(Surface-Mount Device)封装尺寸的 PCB 设计——Arduino Uno SMD。

3. 管脚定义及指令系统

芯片的管脚是连通外界设备的通道,而不同的管脚执行的功能又各不相同。有的管脚功能单一,如电源 Vcc 和接地 GND 管脚,只有连接电源的功能。而很多管脚都具有两个及两个以上的功能,如 I/O 引脚 PB0,既是数字引脚,支持数字输入输出,又是系统时钟分频输出和定时器/计数器的输入,还可以是引脚变化的中断 0。这些功能是由芯片的配置熔丝和软件设置共同决定的。读者可以查阅相关资料详细了解引脚复用功能。

ATmega 系统需要 1.8~5.5 V 的直流电源。不同的系统类型支持的电压和时钟频率是不同的，ATmega 2560 技术手册中只标了一个时钟频率和电压范围，而 ATmega 328 支持三种电压和时钟频率，如表 5-2 所示。

表 5-2　ATmega 328 电源电压和其对应的时钟频率

最高时钟频率/MHz	最小供电电压/V
4	1.8
10	2.7
20	4.5

ATmega 系列的芯片内部都设有两个独立的电源系统：一个是数字电源，用来给芯片的 CPU 内核、内存和数字型外围设备供电，用 Vcc 标识；另一个是模拟电源，用来给模拟比较器和部分模拟电路供电的，用 AVcc 标识。

Atmel 公司推出的 8051 单片机采用了复杂指令系统 CISC(Complex Instruction Set Computer)体系，CISC 结构存在指令系统不等长，指令种类和个数多，CPU 利用率低，执行速度慢等缺点，逐渐不能满足更高级的嵌入式系统的开发需要。因此，Atmel 公司推出了使用 RISC(Reduced Instruction Set Computer)结构的 AVR 单片机。这种架构采用了通用快速寄存器组的机构，大量使用寄存器，简化了 CPU 中的处理器和控制器等其他功能单元的设计，通过简化 CPU 的指令功能，减少指令的平均执行时间。CPU 在执行一条指令的同时读取下一条指令，这个概念实现了指令的单周期运行，可以有效提高 CPU 运行速度，其使用流水线(Pipelining)操作和等长指令体系可以在一个时钟周期中完成一条或多条指令。在相同情况下，RISC 系统的运行速度是 CISC 系统的 2~4 倍。

4. AVR 内核

ATmega 328 是 ATmega 32 系列的一种，ATmega 32 是基于增强的 AVR RISC 结构的低功耗 8 位 CMOS 微控制器。其内核选型如表 5-3 所示。

表 5-3　ATmega 32 的内核选型

参数	ATmega 32
Flash	32
EEROM	1KB
快速寄存器	32
SRAM	1KB
I/O Pins	32
中断数目	19
外部中断口	3
SPI	1

续表

参数	ATmega 32
SUART	1
TWI	Y
硬件乘法器	Y
8 位定时器	2
16 位定时器	1
PWM 通道	4
实时时钟 RTC	Y
10 位 A/D 通道	8
模拟比较器	Y
掉电检测 BOD	Y
看门狗	Y
片内系统时钟	Y
JTAG 接口	Y
在线编程 ISP	Y
自编程 SPM	Y
VCC(H)	2.7 V
VCC(L)	5.5 V
系统时钟(MHz)	0～16
封装形式	PDIP40,MLF44,TQFP44

　　AVR 结构主要部分是 AVR 内核,其中包括算术逻辑单元 ALU、一个 32×8 bit 的寄存器组、一个状态寄存器和程序计数器 PC、一个指令译码器与内置内存系列,以及片内外围设备的接口。这些部分主要的任务是保证程序的正确运行。AVR 结构的方框图如图 5-23 所示。

　　AVR 存储器采用了哈佛结构,具有独立的数据和程序总线。程序存储器是可以在线编程的 Flash,其中的指令通过一级流水线运行。在芯片重新启动后,程序计数器 PC 的值被置零,之后程序存储器根据 0 地址取指到 CPU 中,一般这条指令为跳转指令,跳转到初始化程序中去,然后进一步运行程序。

　　通用寄存器组包括 32 个 8 位通用工作寄存器,其访问时间为一个时钟周期。寄存器中有 6 个寄存器还可以用作 3 个 16 位的间接寻址寄存器指针以寻址数据空间,从而实现高效的地址运算,其中一个指针还可以作为程序存储器查询表的地址指针。

　　状态寄存器(SREG)中包括全局中断允许(I)和运算逻辑单元的运算结果处理位 C(进位)、Z(零位)、N(负数)、V(溢出)及符号位(S)等。这个 8 位状态寄存器的标志位如表 5-4 所示。

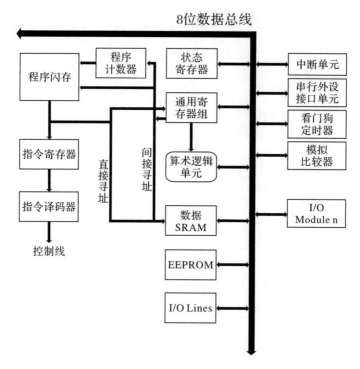

图 5 - 23　AVR 结构框图

表 5 - 4　状态寄存器标志位

位	标志符号	描述
0	C	进位
1	Z	零位
2	N	负数
3	V	溢出
4	S	符号位
5	H	半进位
6	T	测试位
7	I	全局中断允许

　　中断单元负责的任务为在 CPU 运行一段程序以后,如果要执行其他任务,中断单元使芯片停止当前运行的程序,并对程序现场进行保护,当芯片运行完程序之后,中断单元恢复现场,让芯片继续之前的工作,该任务丝毫没有受到被打断的影响。每个中断在中断矢量表中都有独立的中断矢量。中断服务程序运行终端的顺序跟中断的优先级有关,各个中断的优先级与其在中断矢量表的位置有关,中断矢量地址越低,优先级越高。中断的执行与否可以在软件中设置,在第 4 章会介绍如何运行中断。

　　中断和调用子程序结束返回时,程序计数器 PC 位于通用数据 SRAM 的堆栈中。数据

SRAM(Static Random-Access Memory)叫做静态随机存取内存。数据存储器中的所有内存单元都可以通过地址访问,相对动态 RAM,静态数据存储器不需要动态的时钟信号来刷新数据,但是保存数据也只能在芯片带电的情况下,而芯片没有电的时候数据 SRAM 中存储的数据如同没有了牧羊犬的羊群,存储情况是不确定的。数据 SRAM 可以通过 5 种不同的寻址模式进行访问。常见的寻址方式有:

(1)数据存储器空间直接寻址;

(2)数据存储器空间寄存器间接寻址;

(3)数据存储器空间堆栈寄存器 SP 间接寻址。

程序存储器要执行的二进制语言指令存储在程序存储器中。因为程序存储器可擦写的次数有限制,因此不适合用来存储数据。正因如此,AVR 采用的哈佛结构将 SRAM、寄存器组和外设 I/O 寄存器数据存储在数据地址空间中,大大提高了 CPU 的运行效率。程序存储器空间分为两个区:引导程序区(Boot)和应用程序区。这两个区都有专门的锁定位进行读和读/写保护。而用于写应用程序区的 SPM 指令必须位于引导程序区。

ATmega 328 中有 1 KB 的 EEPROM(Electrically Erasable,Programmable Read-Only Memory)——电可擦写只读存储器。EEROM 和程序存储器相似,可以进行擦写,但是 EEROM 可擦写的次数要比程序存储器多得多,因此比较适合保存用户的配置数据或者其他易修改的数据。

5. 片内外围设备介绍

AVR 单片机与外界芯片通信是通过其丰富的 I/O 接口进行的,AVR 主要的片内外围设备包括通用 I/O 口、外部中断、定时/计数器、USRAT(Universal Synchronous/Asynchronous Receiever/Transmitter)和 TWI 模拟输入等。

(1)通用输入输出。输入输出端口作为通用数字 I/O 使用时,所有 AVR I/O 端口都具有读、修改和写功能。每个端口都有 3 个 I/O 存储器地址:数据寄存器、数据方向寄存器和端口输入引脚。每个端口的数据方向寄存器对应每个引脚有一个可编程的位。在复位的情况下该引脚为输入,如果将对应的位置为 1 则为输出。数据寄存器和数据方向寄存器为读/写寄存器,而端口输入引脚为只读寄存器。

关于如何配置引脚,可以参考 ATmega 32 的技术手册,在 I/O 端口小节会有详细的讲解。

(2)外部中断。ATmega 328 的 INT0 和 INT1 引脚、ATmega 2560 的 INT0~7 引脚是其外部中断引脚。在 ArduinoUNO 开发板上则为 D2、D3 引脚。INT 引脚不仅拥有独立的中断矢量,还可以配置为低电平触发、上升沿触发、下降沿触发、上升沿或下降沿触发的触发方式。而引脚变化中断方式则只有在电平变化时才触发,且不能给出 3 个端口中的哪个引脚触发了中断。

Arduino 语言中的中断函数是 attachInterrupt( )和 detachInterrupt( )。这两个函数可以将一个函数连接到 AVR 内核中的可用的外部中断中。每个中断源都可以进行独立的禁止或者触发,熟练地使用中断将会使程序运行不再单一化。

(3)定时/计数器。ATmega 328 有 3 个定时器/计数器,计数器能记录外界发生的事件,具有计数的功能;定时器是由单片机时钟源提供一个非常稳定的计数源,通常两者是可以互相转换的。

其中一个定时器/计数器 T/C0 是一个通用的单通道 8 位定时器/计数器模块。根据触发的条件不同,其可以在定时器和计数器间转换。主要特点如下:

- 单通道计数器;
- 比较匹配发生时清除定时器(自动加载);
- 无干扰脉冲,相位正确的 PWM;
- 频率发生器;
- 外部事件计数器;
- 10 位的时钟预分频器;
- 溢出和比较匹配中断源(TOV0 和 OCF0)。

这种定时器/计数器还有一个常用的功能是产生 PWM 信号,可以控制两个不同的 PWM 输出。在 Arduino UNO 中是 D5 和 D6 两个引脚。它和另一个定时器/计数器相似,都是 8 位的计数器,都有两个 PWM 通道,第二种定时器/计数器的两个通道对应的是 Arduino UNO 的 D9 和 D10 引脚。

其他两个定时器/计数器都具有不同的特点,如有兴趣可以自行查找资料学习和研究。

(4)USRAT。USRAT(Universal Synchronous/Asynchronous Receiever/Transmitter)称为通用同步/异步接收/转发器,既可以同步进行接收/转发,也支持异步接收/转发。其主要特点如下。

- 全双工操作(独立的串行接收和转发寄存器);
- 支持异步或同步操作;
- 主机或从机提供时钟的同步操作;
- 支持 5,6,7,8 或 9 个数据位和 1 个或 2 个停止位;
- 高精度的波特率发生器;
- 硬件支持的奇偶校验操作;
- 帧错误检测机制;
- 噪声滤波,包括错误的起始位检测,以及数字低通滤波器;
- 3 个独立的中断,发送结束中断、发送数据寄存器空中断和接收结束中断;
- 多处理器通信模式;
- 倍速异步通信模式。

USART 分为三个主要部分:时钟发生器、发送器和接收器。时钟发生器包含同步逻辑,通过它将波特率发生器及为从其同步操作所使用的外部输入时钟进行同步。USART 支持 4 种模式的时钟:正常的异步模式、倍速的异步模式、主机同步模式和从机同步模式。发送器包括一个写缓冲器、一个串行移位寄存器、一个奇偶发生器、处理不同的帧格式所需的控制逻辑单元。接收器具有时钟和数据恢复单元,它是 USART 模块中最复杂的。接收器支持与发送器相同的帧格式,而且可以检测帧错误,数据过速和奇偶校验错误。

(5)两线串行接口(TWI)。TWI 即 I²C,又叫做 Inter-IC(Inter-Integrated Circuit bus),IC 间总线。在第 4 章将会用到的支持 I²C 通信的单总线 Wire 库,其中的 DS18B60 就是支持 I²C 的温度传感器。不止如此,很多厂家制造的设备都支持 I²C 通信,如内存芯片、加速度计、时钟等。

（6）模拟输入。ATmega 328 和 ATmega 2560 都有模拟输入的端口，不同的是 ATmega 328 有 6 个模拟输入的端口，而 ATmega 2560 则有 16 个端口。

在 Arduino 上，模拟输入的端口为标着 A0～A5 的 5 个输入输出口，而 ATmega 2560 则为 A0～A16。这些模拟输入的电压范围为 0～5 V，工作时将输入的电压转化为 0～1023 的对应值。在 Arduino 语言中有专门的函数来读取这个模拟输入的信号。这个函数为 analogRead(int n)，该函数的参数为输入的引脚，返回一个 0～1023 的数值。

5.4　Arduino 硬件设计平台

电子设计自动化（EDA，Electronic Design Automation）是 20 世纪 90 年代初，从计算机辅助设计（CAD）、计算机辅助制造（CAM）、计算机辅助测试（CAT）和计算机辅助工程（CAE）的概念上发展而来的。EDA 设计工具的出现使得电路设计的效率和可操作性都得到了大幅提升。本书针对 Arduino 的学习和开发，主要介绍 Fritzing 工具，还有很多第三方软件也支持 Arduino 的开发，在此不做介绍。

Fritzing 是一款支持多国语言的电路设计软件，可以同时提供面包板、原理图、PCB 图三种视图设计，设计者可以采用任意一种视图进行电路设计，软件都会自动同步生成其他两种视图。此外，Fritzing 软件还能用来生成制板厂生产所需用的 greber 文件、PDF、图片和 CAD 格式文件，这些都极大地推广和普及了 Fritzing 的使用。下面将具体对软件的使用说明进行介绍，有关 Fritzing 的安装和启动请参考相关的书籍或者网络。

5.4.1　Fritzing 软件简介

1. 主界面

总体来说，Fritzing 软件的主界面由两部分构成，如图 5 - 24 所示。一部分是图中左边框的项目视图部分，这一部分将显示设计者开发的电路，包含面包板图、原理图和 PCB 图三种视图。另外一部分是图中右边框的工具栏部分，包含了软件的元件库、指示栏、导航栏、撤销历史栏和层次栏等子工具栏，这一部分是设计者主要操作和使用的地方。

2. 项目图示

在项目视图中自由选择面包板、原理图或 PCB 视图进行开发，利用项目视图框中的视图切换器快捷轻松地在这三种视图中进行切换，视图切换器如图 5 - 24 项目视图中框图部分所示。此外，也可以利用工具栏中的导航栏进行快速切换，这将在工具部分进行详细说明。下面是面包板视图、原理图视图和 PCB 视图中操作可选项和工具栏中对应的分栏内容，都只有细微的变化。而且，由于 Fritzing 的三个视图是默认同步生成的，在本教程中，首先选择以面包板为模板对软件功能进行介绍，在本教程中之所以选择面包板视图作为模板，是为了方便 Arduino 硬件设计者从电路原理图过渡到实际电路，尽量减少可能出现的连线和端口连接错误。

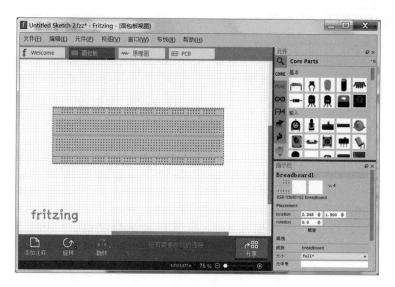

图 5 – 24　Fritzing 主界面

3. 工具栏

　　用户可以根据自己的需求选择工具栏显示的各种窗口,左键单击窗口下拉菜单,然后对希望出现在右边工具栏的分栏进行勾选,用户也可以将这些分栏设成单独的浮窗。为了方便初学者迅速掌握 Fritzing 软件,本教程具体介绍各个工具栏的作用,如图 5 – 25 所示。

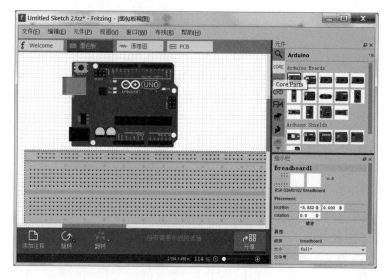

图 5 – 25　Fritzing 面包板视图

　　(1)元件库。元件库中包含了许多电子元件,这些电子元件是按容器分类盛放的。这里介绍的是 Fritzing 的核心库、设计者自定义的库和其他库。下面对设计者进行电路设计前所必须掌握的常用的库进行详细介绍。

　　①Core 元件库。Core 元件库中包含许多平常会用到的基本元件,如 LED 灯、电阻、电容、电感、晶体管等,还有常见的输入、输出元件,集成电路元件,电源、连接、微控器等元件。

此外,Core 元件库中还包含面包板视图、原理图视图和印刷板视图的格式以及工具(主要包含笔记和尺子)的选择,如图 5 – 26 所示。

②MINE 元件库。MINE 元件库是设计者自定义元件放置的容器。如图 5 – 27 所示,设计者可以在这部分添加一些自己的常用元件,或是添加软件缺少的元件。

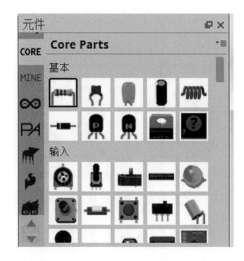
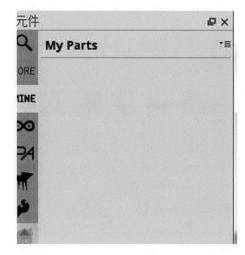

图 5 – 26　Core 元件库　　　　　　　　图 5 – 27　MINE 元件库

③Arduino 元件库。Arduino 元件库主要放置与 Arduino 相关的开发板,这也是 Arduino设计者需要特别关心的一个容器,这个容器中包含了 Arduino 的 9 块开发板,分别是 Arduino、Arduino UNO R3、Arduino Mega、Arduino Mini、Arduino Nano、Arduino Pro Mini 3.3 V、Arduino Fio、Arduino LilyPad 和 Arduino Ethernet Shield,如图 5 – 28 所示。

图 5 – 28　Arduino 元件库

④Parallax 容器。Parallax 容器主要包含了 Parallax 的微控制器 Propeller D4 和 8 款 Basic Stamp 微控制器开发板,如图 5 – 29 所示。该系列微控制器是由美国 PDarallax 公司开发的,这些微控制器与其他微控制器的区别主要在于它们在自己的 ROM 内存中内建了

一套小型、特有的 BASIC 编程语言直译器 PBASIC,这为 BASIC 语言的设计者降低了嵌入式设计的门槛。

⑤Picaxe 元件库。Picaxe 元件库主要包括 PICAXE 系列的低价位单片机、电可擦只读存储器、实时时钟控制器、串行接口、舵机驱动等器件,如图 5 - 30 所示。Picaxe 系列芯片也是基于 BASIC 语言的,设计者可以迅速掌握。

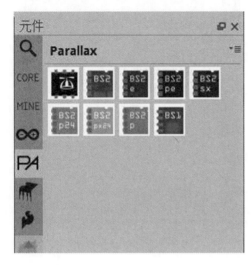
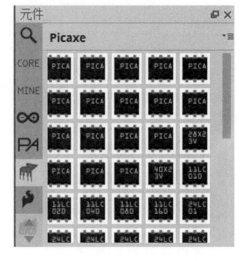

图 5 - 29　Parallax 元件库　　　　　　　图 5 - 30　Picaxe 元件库

⑥SparkFun 元件库。SparkFun 元件库是 Arduino 设计者需要重点关注的一个容器,这个容器中包含了许多 Arduino 的扩展板。此外,这个元件库中还包含了一些传感器和 LilyPad 系列的相关元件,如图 5 - 31 所示。

图 5 - 31　SparkFun 元件库

⑦Snootlab 元件库。Snootlab 元件库包含了 4 块开发板,分别是 Arduino 的 LCD 扩展板、SD 卡扩展板、接线柱扩展板和舵机的扩展驱动板,如图 5 - 32 所示。

⑧Contributed Parts 元件库。Contributed Parts 元件库包含带开关电位表盘、开关、LED、反相施密特触发器和放大器等器件,如图 5 - 33 所示。

图 5 - 32　Snootlab 元件库　　　　　　　　图 5 - 33　Contributed Parts 元件库

(2)指示栏。指示栏会给出元件库或项目视图中鼠标所选定的元件的相关信息,包括该元件的名字、标签及在三种视图下的形态、类型、属性和连接数等。设计者可以根据这些信息加深对元件的理解,或者检验选定的元件是否是自己所需要的,甚至设计者能在项目视图中选定相关元件后,直接在指示栏中修改元件的某些基本属性,如图 5 - 34 所示。

(3)撤销历史栏。撤销历史栏中详细记录了设计者的设计步骤,并将这些步骤按照时间的先后顺序依次进行排列,优先显示最近发生的步骤,如图 5 - 34 所示。设计者可以利用这些记录步骤之前的任一设计状态,这为开发工作带来了极大便利。

(4)层。不同的视图有不同的层结构,详细了解层结构有助于读者进一步理解这三种视图和提升设计者对它们的操作能力。下面将依次给出面包板视图、原理图视图、PCB 视图的层结构。首先关注面包板视图的层结构。从图 5 - 35 中可以看出,面包板视图一共包含 6 层,且设计者可以通过勾选这 6 层层结构前边的矩形框以决定是否在项目视图中显示相应的层。

其次,关注原理图的层结构。从图 5 - 36 中可以看出,原理图一共包含了 7 层,相对面包板而言,原理图多包含了 Text 层。

图 5 - 34　指示栏

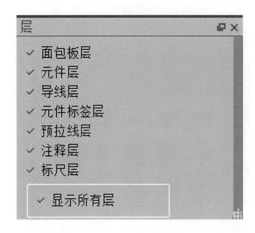

图 5-35　面包板层结构

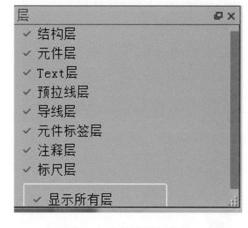

图 5-36　原理图层结构

PCB 视图是层结构最多的视图。从图 5-37 中可以看出,PCB 视图具有 15 层层结构。由于篇幅有限,不再对这些层结构进行一一详解。

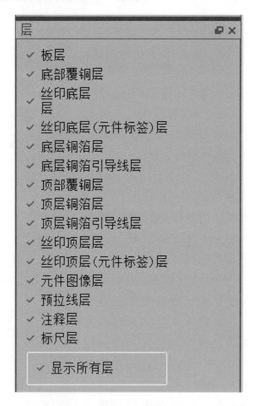

图 5-37　PCB 图层结构

5.4.2　Fritzing 使用方法

1. 查看元件库已有元件

设计者在查看容器中的元件时,既可以选择按图标形式查看,也可以选择按列表形式查看,设计者可以直接在对应的元件库中寻找自己需要的元件,举一个简单的例子,如设计者要寻找Arduino UNO,那么,设计者可以在搜索栏输入 Ardnino UNO,按 Enter 键,结果栏就会自动显示出相应的搜索结果,如图 5-38 所示。

2. 从已有元件添加新元件

关于如何基于已有的元件添加新元件,下面举个简单的例子。

针对 ICS、电阻、引脚等标准元件。例如,现在设计者需要一个 2.2 kΩ 的电阻,可是在 Core 库中只有 220 Ω 的标准电阻,这时,创建

图 5-38　查找元件

新电阻最简单的方法就是先将 Core 库中220 Ω的通用电阻添加到面包板上,然后单击鼠标左键选定该电阻,直接在右边的指示栏中将电阻值修改为 2.2 kΩ,如图 5-39 所示。

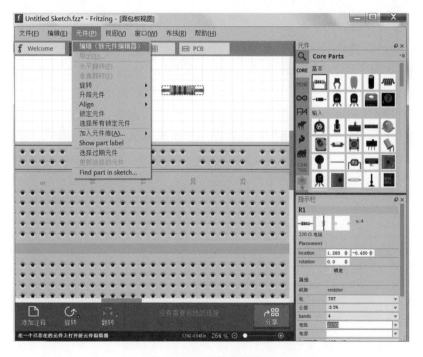

图 5-39　元件编辑界面

除此之外,选定元件后,也可以选择"元件"→"编辑"选项,在打开的界面中修改,如图 5-40所示。

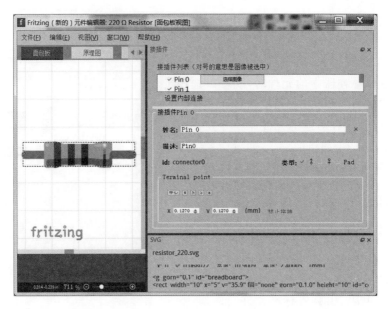

图 5 - 40　修改元件属性

此外,设计者还能在选定元件后,直接单击鼠标右键,从弹出的快捷菜单中选择"编辑"选项进入元件编辑界面,其他基于标准元件添加新元件的操作,具有类似的操作,或改变引脚数,或修改接口数目等,在此不再赘述。

3. 添加新元件库

设计者不仅可以创建自定义的新元件,也可以根据自己的需求创建自定义的元件库,并对元件库进行管理。在设计电路结构前,可以将所需的电路元件列一个清单,并将所需要的元件都添加到自定义的库中,这可以为后续的电路设计提高效率。用户添加新元件库时,只需选择元件栏中的"New Bin"选项便会出现如图 5 - 41 所的界面。给这个自定义的元件库取名为 Arduino Project,单击"OK"按钮,新的元件库便创造成功了,如图 5 - 41 所示。

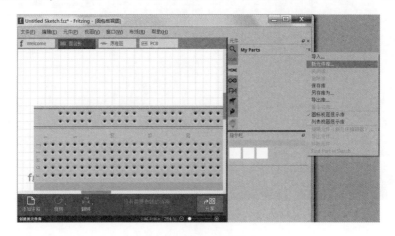

图 5 - 41　添加新元件库

4. 添加元件及元件间连线或删除元件

下面主要介绍如何将元件库中的元件添加到面包板视图中,当设计者需要添加某个元件时,可以先在元件库相应的子库中寻找所需要的元件,然后在目标元件的图标上按下左键选定元件,按住鼠标将元件拖曳到面包板上目的位置,松开左键即可将元件插入面包板,如图 5-42 所示。但是,需要特别注意的是,在放置元件时,一定要确保元件的引脚已经成功插入面包板,如果插入成功,元件引脚所在的连线会显示绿色,如果插入不成功,元件的引脚则会显示红色,如果在放置元件的过程中有误操作,设计者可以直接用鼠标左键选定目标元件,然后再单击Delete按钮即可将元件从视图上删除。

添加元件间的连线是用 Fritzing 绘制电路图必不可少的过程,在此将对连线的方法给出详细介绍。连线的时候单击想要连接的引脚后按住不放,将光标拖曳到要连接的目的引脚松开即可。

此外,为了使电路更清晰明了,设计者还能根据自己的需求在导线上设置拐点,使导线可以根据设计者的喜好改变连线角度和方向。具体方法如下:直接在导线上单击鼠标左键并按住不放,光标处即为拐点处,然后设计者能自由移动拐点的位置。此外设计者也可以先选定导线,然后将鼠标光标放置在想设置的拐点处,单击鼠标右键,从弹出的快捷菜单中选择"添加拐点"即可。

除此之外,在连线的过程中,设计者还可以更改导线的颜色,不同的颜色将帮助设计者更好地掌握绘制的电路。具体的修改方法为用鼠标左键单击选定要更改颜色的导线,然后单击鼠标右键,选择更改颜色。

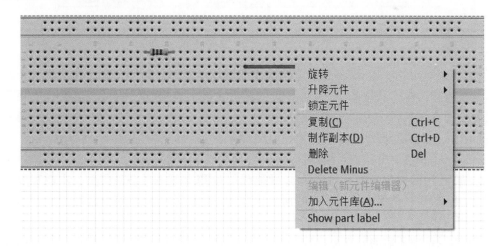

图 5-42　元件编辑

5.4.3　Arduino 电路设计

至此,对软件主界面和基本功能的介绍已完成,接下来,将通过具体的案例来系统地介绍如何利用 Fritzing 软件来绘制一个完整的 Arduino 电路图,即用 Arduino 主板来控制LED 灯的亮灭。设计的效果图如图 5 - 43 所示。

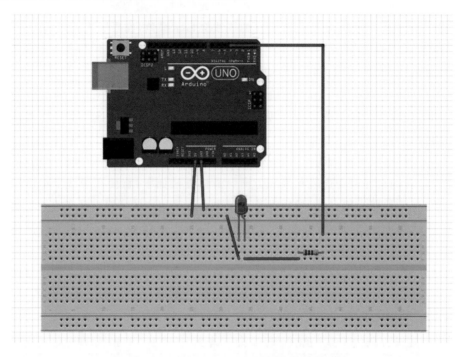

图 5 - 43　Arduino Blink 示例整体效果图

下面介绍 Arduino Blink 例程的电路图详细设计步骤。首先打开软件并新建一个新的项目,具体操作为单击软件的运行图标,在软件的主界面选择"文件新建"选项完成项目新建,之后先保存该项目,选择"文件"→"另存为"命令,在该对话框中输入保存的名字和路径,然后单击"保存"按钮,即可完成对新建项目的保存。

一般来说,在绘制电路前,设计者应该先对开发环境进行设置。这里的开发环境主要指设计者选择使用的面包板型号和类型,以及原理图和 PCB 视图的各种类型。本教程以面包板视图为重点,所以将编辑视图切换到面包板视图,并在 Core 元件库中选好开发所用的面包板类型和尺寸。

由于本示例中所需的元件数比较少,此处省去建立自定义元件库的步骤,而是直接先将所有的元件都放置在面包板上。在本例中,需要一块 Arduino 的开发板、一个 LED 灯和一个 220 Ω 的电阻。然后进行连线,得到最终的效果如图 5 - 43 所示。

在编辑视图中切换到原理图,会看到如图 5 - 44 所示的效果。此时布线没有完成,开发者可以单击编辑视图下方的自动布线,但要注意自动布线后是否所有的元件都完成了布线,对没有完成的,开发者要进行手动布线,即手动连接端口间的连线。

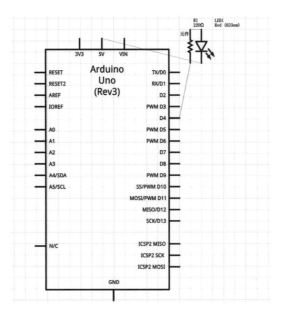

图 5 - 44　原理图效果

　　同理,可以在编辑视图中切换到 PCB 图,观察 PCB 视图下的电路,此时也要注意编辑视图窗口下方是否提示布线未完成,如果是,开发者可以单击下面的"自动布线"按钮进行布线处理,也可以自己手动进行布线。这里,将直接给出最终的效果图,如图 5 - 45 所示。

　　完成所有这些操作后,就可以修改电路中各元件的属性。在本例中不需要修改任何值,在此略过这部分。完成所有这些步骤后,设计者就能根据需求导出所需要的文档或文件。在本例中,将以导出一个 PDF 格式的面包板视图为例对该流程进行说明。首先确保将编辑视图切换到面包板视图,然后选择"文件"→"导出作为图像"→"PDF"命令。

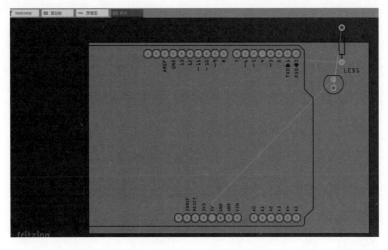

图 5 - 45　PCB 视图效果

科学精神培养

热爱专业　忠于职责

　　科技人员的根本任务就是在自己所从事的专业领域里有所钻研、有所创新、有所发明、有所发现，这是科技工作者对整个社会所负有的崇高职责和义务。

　　热爱专业，忠于职责是科技人员从事科技劳动的基本道德要求。一名科技人员的成就不仅取决于他的才能，更重要的是取决于他对所从事的专业的热爱和忠诚的态度。

　　当科技人员的个人利益与国家、社会、集体、他人的利益发生矛盾时，应牢记自己的职责和使命，自觉将个人的利益和事业的利益与国家、社会的利益结合在一起，必要时需牺牲个人的利益，服从国家、社会、集体的利益，不计较个人的得失。

　　热爱专业，忠于职责，要把个人的兴趣爱好，融于社会的需要之中。爱好不是人的本能，它是可以在实践中培养和转移的。社会需要有各种不同的分工，社会分工就是一种社会需要，当个人的兴趣爱好与社会的分工发生矛盾时，个人就应该按社会的需要来转移自己的兴趣爱好，进行自我调节，使个人的兴趣爱好与社会的需要达到和谐的统一。

本章习题

1. 元器件的命名包括哪几部分？标注方法有哪些？
2. ATmega 328 处理器可工作的电压范围有多大？
3. 如何添加新元件到 Fritzing 元件库？
4. 在 Fritzing 中完成用两个按键分别控制一个数码管和一个 LED 灯的电路设计，所用开发板为 Arduino UNO 板，要求线路清晰，并导出原理图。

第 6 章　Arduino 项目开发流程

在完成基础实验、综合创新实验、制作电子小产品的过程中,设计一个作品框架是非常重要的。当达到一定的复杂程度时,提前设计项目,对项目进行规划,最终会更轻松、顺利地完成实验。包括实验前硬件电路的搭建,软件流程图的绘制等。

本章节主要包括的内容有:

- Arduino 项目规划与设计;
- 硬件搭建;
- 软件编程;
- 项目验证。

6.1　Arduino 项目规划与设计

在完成实验的过程中,首先要对实验进行一定的规划,并合理设计,才能更好地达到实验的目的。因此对任何一个项目进行项目规划与设计是非常重要的。项目规划应做到以下几点。

1.明确项目目标

每个项目都有自己明确的目标,为了在一定的约束条件下达到目标,项目在实施前必须进行周密计划。事实上,项目实施过程中的各项工作都是为项目的预定目标而进行的。任何一个实验最终都是以实验结果展出,因此,达到什么样的实验结果,或者有什么样的实验效果就是该项目的目标。

2.明确项目的特点

在每一次实验的过程中,都需要各种资源来实施,课堂中提供的资源是有限的,需要每位同学充分发挥自学能力,有效利用线上资源,充分分析实验所需的相关知识,积极补充。另外,每次实习的机会只有一次,在每次实验或者项目开始时,应明确开始时间和结束时间。每个项目和实验在此之前,每位同学都没有做过,而且将来也不会在同样的条件和环境下再做一次,因此,一定要规划好实验,争取一次顺利完成。

3.明确项目实施过程中可能存在的问题

在 Arduino 的实验前,一定要提早安装好 IDE 编程环境、驱动程序及第三方软件,考虑好硬件问题,软件编程等问题。在设计的过程中需要注意电路板端口的数量,面包板的数量、电源,杜邦线的数量等问题。

4. 项目的创新性

基础创新实验、综合创新实验、其他电子产品的制作等项目都具有独特性。也就是说，需要进行不同程度的创新，而在创新过程中肯定是包含着一定的不确定性，因此，一定要合理创新，根据实际情况反复验证。

5. 项目实施的流程设计

对于 Arduino 实验而言，通常按照以下流程完成：准备实验器材、利用 Fritzing 软件设计硬件电路、连接硬件电路、利用 Arduino IDE 编程环境编程、完成编译、调试验证实验结果。

6.2 Arduino 硬件搭建

6.2.1 开发板的选择

Arduino 项目中的核心部分是开发板。对于不同的项目，应寻找最适合的 Arduino 开发板进行开发。因此对项目规划时应注意所选择的 Arduino 型号的参数（各型号 Arduino 的参数都可以通过官网查询）是否满足项目要求需要。例如，工作电压、I/O 数量、ADC 采样分辨率、中断引脚数量……，这些对项目硬件搭建都至关重要。

例如，Arduino UNO、Nano、Pro mini 的参数类似，在选择时应注意。当需要采用扩展板进行积木式搭建硬件时，这 3 个型号中只有 UNO 适合积木式堆叠。电路板的具体参数在前面章节中已讲解。

当不需要使用扩展板时，则不需要考虑板型问题，这时可以选择占用更少空间体积的 Nano 或 Pro mini。Pro mini 更精简，成本也更低，和 Nano 相比主要省略了 USB 转串口芯片和 ICSP 接头，适合不需要频繁与计算机连接的项目。

6.2.2 线路搭建

复杂的项目可将硬件按模块划分，然后按模块进行电路搭建调试，使用面包板和万能板焊接电路均可。分离调试完成后即可进行整体联调。如果项目硬件设计已很完善，可以做成固定的设计，将硬件焊接到万能板或定制的 PCB 板上。

通常的基础实验或者综合创新实验，硬件在搭建前，首先利用 Fritzing 软件对元器件进行排列，杜邦线尽量不要交叉。另外，电源线可用多余线引置面包板上，方便利用。在连接电路的过程中，应尽量区分杜邦线的颜色，电源正极用红色线，GND 用黑色线。

6.2.3 开发板使用注意事项

1. 实验过程中需要注意的问题

（1）拿到电路板，检查电源指示灯是否亮起，如有问题及时更换。

（2）在电路板使用的过程中，不允许插拔单片机。

（3）实验过程中，注意电源正负极：红色线接正，黑色线接负。

（4）实习过程中爱惜电路板，不得故意损坏元器件，不能折弯元器件引脚，如：LED 灯、数码管，液晶显示屏等的引脚。尤其在面包板上插拔的过程中，一定要注意保护引脚。

（5）每完成一个项目，必须及时保留程序及代码。

（6）无法识别电路板，或找不到端口时，首先检查驱动程序是否安装，其次检查数据线。

2. 开发板使用注意事项

使用 Arduino 板时，稍不注意就会烧坏与之连接的计算机或者电子元器件，所以最好事先多加注意，以下是开发板使用过程中需要注意的问题：

（1）初学者在使用开发板时最好先不使用 0 号和 1 号引脚。这两个引脚连接着计算机进行串口通信的设备，所以如果将电子元器件连接到 0 号和 1 号数字引脚，并将 sketch 文档上传到 Arduino 板或进行串口通信，会出现运行错误。因此最好不要使用这两个引脚。

（2）不要直接将开发板的电源和地连接。如果将开发板的电源口和接地口连接，会造成开发板马上烧坏。Arduino 开发板能承受的最大电流为 200 mA，如果 5 V 的电压引脚和地直接连接，就会和没有任何电阻一样，流过比 200 mA 大的电流，从而烧掉配件。同时，也不直接将 5 V 的电压引脚设置为 LOW 的数字输出引脚。

（3）要在 Arduino 板关闭时连接电子元器件。连接电子元器件时，请先关闭 Arduino 开发板。否则一旦连接到错误的位置，就会造成电流过大，容易烧坏与 Arduino 板相连的计算机和电子元器件。

6.3　Arduino 软件编程

1. 编写程序的流程

（1）绘制程序流程图，确定程序流程。程序流程的确定，是将思维转为编程语言的重要环节。程序流程确定下来后，编写程序的效率会更高。同时，除编程者以外的其他人员，更容易理解及读懂编程人员的思路和语言。

（2）加载库函数。库函数在编程的过程中，容易被初学者忽略。在编写的过程中加载库函数到合理的位置非常重要。初学者应认真学习及了解库函数的重要性。

（3）确定变量和常量。合理定义变量、常量等可以使程序更容易调试。变量是重要的数据处理工具。而常量仅占用 Flash 储存，能让更多的 RAM 空间用于数据处理。因此，在定义变量的过程中，应合理选择变量的类型，同时应使用简单易懂的名称，尽量不使用拼音作为变量名称，以方便阅读和维护。

（4）优化程序。应利用程序语言的特点，简化工作流程的编程描述，注意优化程序效率。编写程序的过程中，及时注释，养成良好的编程习惯。

（5）编译下载。当编译出错时，首先检查程序是否存在语法错误。如程序无错误，检查库函数是否加载正确。下载出错时，可关闭程序。重新打开例程中的 blink 程序，并下载检查是否存在问题，如果 blink 程序可下载，同时电路板灯闪烁，说明电路板和数据线没问题，重新检查原程序的逻辑问题。

2. 软件编程注意事项

编程语法是严谨的，在编程中需要注意代码编写的细节。注意大小写以及符号全角、半角问题。此外，还应注意在编程中积累技巧，掌握能让代码更精简、高效的编写方法。常见出错有以下几点：

(1)未声明变量或拼写有错；

(2)漏掉括号或者时分号；

(3)未添加库函数；

(4)未选择下载端口 COM 口或者是未选择开发板型号。

出现错误时，可及时查看报错窗口，仔细排查问题。

6.4　Arduino 项目验证

无论是基础创新实验，还是综合创新实验，在硬件电路搭建完成，软件程序下载后，都需要认真观察实验结果。观察系统功能是否实现，系统运行是否稳定、效果好坏、创新性等。实验结果是否符合前期的项目目标非常重要，每个实验都需要经过反复调试验证实验结果，才能更好地完成任务。

科学精神培养

不畏艰险　献身科学

科学活动中的错误可能来自对事实进行抽象概括时所犯的错误，也可能由于观察时出错导致获得的事实本身不符合客观实际，不论哪一种错误都导致了主观同客观的不一致，科技人员都要勇于修正，要不畏艰险，献身科学。

首先，要不畏失败和挫折。科技人员在探索科学真理的道路上失败与挫折会时常相伴，勇敢跨越失败和挫折，终会走向成功。在失败和挫折面前畏缩退让，就会成为失败者。一切发明创造都是经历许多失败后而成功的。

其次，不畏艰险，献身科学，要不追名逐利，一个立志献身科学的人，应始终保持清醒的头脑、理智的态度，不追求名利，应以祖国、人民的利益为重，按照社会主义、集体主义的道德原则处理好个人与集体与国家、与他人的关系。

最后，不畏艰险，献身科学，要不畏牺牲。科技人员进入科学的研究世界，是以不计个人得失甚至牺牲个人利益为前提的，科技成果来之不易，需要付出代价，甚至是鲜血。

本章习题

1. Arduino 项目开发流程包括哪几步？

2. Arduino 项目开发过程中需要注意哪些问题？

3. 写出你在某个实验项目中遇到过的问题及解决方法。

第7章　Arduino 实例演练

本章中的实验是 Arduino 实验中的基础实验,可以从零基础开始学起,实验内容简单易入门。本章介绍的每个实验主要包括了三部分内容:实验原理、电路连接、程序代码。具体内容如下:

- 串口通信实验;
- LED 闪烁实验;
- 按键实验;
- 电位器及蜂鸣器实验。

7.1　串口通信实验

串行通信接口是指数据一位一位地顺序传送,其特点是通信线路简单,只要一对传输线就可以实现双向通信的接口,如图 7 - 1 所示。

图 7 - 1　串口通信接口

串口通信接口出现在 1980 年前后,数据传输率 115~230 Kb/s。串口通信接口出现的初期是为了实现计算机外设通信的,初期串口一般用来连接鼠标和外置 Modem,以及老式摄像头和写字板等设备。

由于串口通信接口(COM)不支持热插拔及传输速率较低,目前部分新主板和大部分便携电脑已开始取消该接口,目前串口多用于工控和测量设备以及部分通信设备中。包括各种传感器采集装置、GPS 信号采集装置、多个单片机通信系统、门禁刷卡系统的数据传输、机械手控制、操纵面板控制电机等,特别是广泛应用于低速数据传输的工程应用。

Arduino 与计算机通信的最主要方式就是串口通信,在 Arduino 控制器上,串口都是位于 0(RX)和 1(TX)的两个引脚,Arduino 的 USB 口通过一个转换芯片(通常为 ATmega 16U2)与这两个串口引脚连接。该转换芯片会通过 USB 接口在计算机上虚拟出一个用于与 Arduino通信的串口。

要想使串口与计算机通信,要先使用串口初始化函数 Serial. begin( )初始化 Arduino 的串口通信功能,即

```
Serial.begin(speed);
```

其中,参数 speed 指串口通信波特率,它是设定串口通信速率的参数。串口通信的双方必须使用同样的波特率方能正常进行通信。波特率是一个衡量通信速度的参数,它表示每秒传送的 bit 的个数。

例如,9600 波特表示每秒发送 9600 bit 的数据。通信双方需要使用一致的波特率才能正常通信。Arduino 串口通信通常会使用以下波特率:300、600、1200、2400、4800、9600、14400、19200、28800、38400、57600、115200。波特率越大,说明串口通信的速率越高。

7.1.1　串口输出

串口初始化完成后,便可以使用 Serial. print( )或 Serial. println( )函数向计算机发送信息了。函数用法是:

1. Serial. print(val);

含义:其中参数 val 是要输出的数据,各种类型的数据均可。

```
例:Serial.print(75);              //列印出"75",默认为十进制
   Serial.print(75,HEX);          //"4B"(75 的十六进位)
```

2. Serial. println(val);

含义:输出完指定数据后,再输出一组回车换行符。

```
例:Serial.println(75);            //列印出"75"
   Serial.println(75,HEX);        //"4B"
```

图 7-2 为 ArduinoIDE 的操作界面,程序的编写在源代码编辑区域进行,在菜单栏中点击"工具"→"串口监视器"或者点击 IDE 界面右上角快捷操作按钮,即可打开串口监视器,如图 7-3 所示。

串口监视器是 Arduino IDE 自带的一个小工具,如图 7-3 所示。可用来查看串口传来的信息,也可向连接的设备发送信息。需要注意的是,在串口监视器的右下角有一个波特率设置下拉菜单,此处波特率的设置必须与程序中的设置一致才能正常收/发数据。

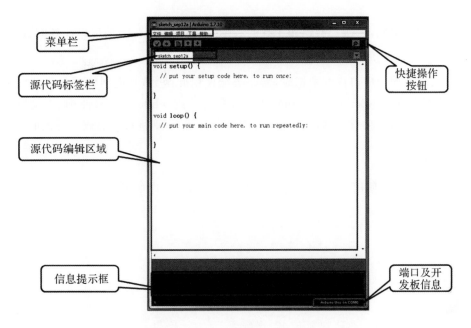

图 7 - 2　ArduinoIDE 的操作界面

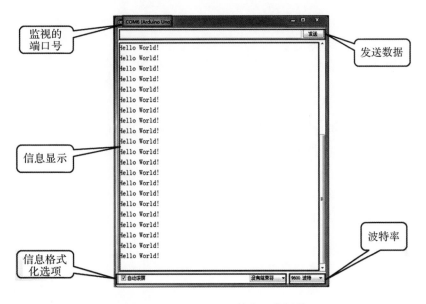

图 7 - 3　ArduinoIDE 的串口监视器

7.1.2　串口输入

　　除了输出,串口同样可以接收由计算机发出的数据。接收串口数据需要使用以下函数,分别是:

1. Serial. read( ) ;

用法：调用该语句，每次都会返回 1 B 的数据，该返回值便是当前串口读到的数据。

2. Serial. available( ) ;

用法：通常在使用串口读取数据时，需要搭配使用此函数，其返回值便是当前缓冲区中接收到的数据字节数。Serial. available( )可以搭配 if 或 while 语句来使用，先检测缓冲区中是否有可读数据，如果有数据，则再读取；如果没有数据，则跳过读取或等待读取。

7.1.3　程序示例

例 1　串口输出：使用串口输出数据到计算机的示例程序如下。

```
int counter = 0;                    //计数器
void setup( )
{
  Serial.begin(9600);              //初始化串口
}
void loop( )
{
  counter = counter + 1;           //每 loop 循环一次,计数器变量加 1
  Serial.print(counter);           //输出变量
  Serial.print(":");               //输出字符
  Serial.println("HelloWorld");    //输出字符串 HelloWorld
  delay(1000);                     //延迟 1 s
}
```

下载该程序到 Arduino，然后可以通过单击 ArduinoIDE 右上角的图标打开串口监视器，程序运行结果如图 7 - 4 所示。

图 7 - 4　串口输出信息

　　例 2　串口输入：利用 if(Serial. available( )＞0)语句,可防止读取数据出现乱码,示例程序代码如下。

```
void setup( )
{
  Serial.begin(9600);              //初始化串口
}

void loop( )
{
  if(Serial. available( )＞0)      //如果缓冲区中有数据,则读取并输出
  {
  char ch = Serial.read( );        //读取输入的信息并赋值给 ch
  Serial.print(ch);                //输出信息
  delay(1000);                     //延迟 1 s
  }
}
```

　　程序下载完成后,打开串口监视器,键入并发送任意信息,则会看到 Arduino 输出了刚发送过去的信息,且没有出现乱码,如图 7-5 所示。需要注意的是,在串口监视器右下角有两个下拉菜单,一个是设置结束符,另一个是设置波特率。如果已设置了结束符,则在最后发送完数据后,串口监视器会自动发送一组已设定的结束符,如回车符和换行符。

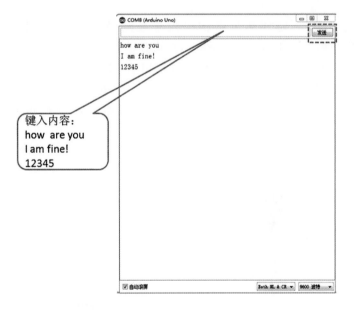

图 7-5　结合 Serial. available( )函数的串口输入信息

　　另外可能已经注意到,当进行串口通信时,Arduino 控制器上标有 RX 和 TX 的两个 LED 灯会闪烁提示。当接收数据时,RX 灯会点亮;当发送数据时,TX 灯会点亮。利用串口通信功能,可以使用计算机控制 Arduino 来执行特定的操作。

7.2 LED 闪烁实验

7.2.1 原理

发光二极管简称为 LED,是由含镓(Ga)、砷(As)、磷
(P)、氮(N)、硅(Si)等化合物制成的一种能够发光的半导体
电子元件,通常用于电路及仪器中,作为指示灯,或者组成文
字或数字显示,如图 7-6 所示。其特点是功耗低、高亮度、
色彩艳丽、抗振动、寿命长(正常发光 8~10 万小时)等,是真
正的"绿色照明"。

图 7-6 发光二极管

发光二极管与普通二极管一样是由一个 PN 结组成的,也具有单向导电性。当给发光
二极管加上正向电压后,从 P 区注入 N 区的空穴和由 N 区注入 P 区的电子,在 PN 结附近
数微米内分别与 N 区的电子和 P 区的空穴复合,产生自发辐射的荧光。不同的半导体材料
中电子和空穴所处的能量状态不同。当电子和空穴复合时释放出的能量多少不同,释放出
的能量越多,则发出的光的波长越短。常用的是发红光、绿光或黄光的二极管。发光二极管
的反向击穿电压大于 5 V,它的正向伏安特性曲线很陡,使用时必须串联限流电阻以控制通
过二极管的电流。

7.2.2 电路设计

LED 闪烁实验中,一定要通过保护电阻连接到 Arduino 开发板上,才可以使用。
LED 的工作电压一般为 1.6~2.1 V,反向击穿电压为 5 V。工作电流为 1~20 mA,由于
Arduino 主控板逻辑电路供电为 5 V,假设所选用的 LED 工作电压 1.7 V,工作电流为
15 mA,根据欧姆定律,则限流电阻=(5-1.7)/0.015=220 Ω。

保护电阻和 LED 的接法有两种,一种叫上拉接法,如图 7-7 所示。另一种叫下拉接
法,如图 7-8 所示。

图 7-7 上拉接法   图 7-8 下拉接法

采用上拉接法时,数字接口 Port 端为高电平(HIGH)时,LED 亮;数字接口 Port 端为低电平(LOW)时,LED 灭。

采用下拉接法时,数字接口 Port 端为高电平(HIGH)时,LED 灭;数字接口 Port 端为低电平(LOW)时,LED 亮。一般情况下采用上拉法较多。

使用单独的 LED,则需要分清楚正负极,引脚长的为正极,短的为负极。这次利用其他 I/O 口和外接直插 LED 灯来完成这个实验。按照下面的小灯实验原理图连接实物图,这里使用数字 10 接口,电阻和 LED 的连接法采用上拉法,如图 7-9 所示。

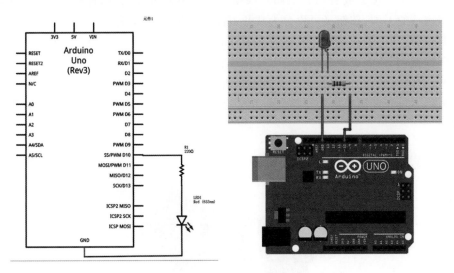

图 7-9　实物连接图

7.2.3　程序示例

例:让一个 LED 灯闪烁,点亮 1 秒熄灭 1 秒,如此反复。这个程序与 Arduino 自带的例程里的 Blink 相似,只是将 13 数字接口换做 10 数字接口。参考程序如下:

```
int ledPin = 10;              //定义数字 10 接口
void setup( )                 //每当按下 reset,setup( )会重新运行一次
{
    pinMode(ledPin,OUTPUT);   //定义小灯接口为输出接口
}
void loop( )
{
    digitalWrite(ledPin,HIGH);   //点亮小灯
    delay(1000);                 //延时 1 s
    digitalWrite(ledPin,LOW);    //熄灭小灯
    delay(1000);                 //延时 1 s
}
```

这是最简单的 LED 程序,希望读者发挥自己的创造力,做出更具创意的成果。

7.3 按键实验

7.3.1 原理

1. 按键的作用及分类

按钮的作用是接通或者断开电路。根据作用的不同分为启动、停止、急停和组合按钮等。根据构造的不同,按钮又可以分为常开、常闭、常开/常闭 3 种按钮。

常开按钮:开关触点在默认状态下是断开的。

常闭按钮:开关触点在默认状态下是接通的。

常开/常闭按钮:在默认状态下有接通和断开的按钮。

本节将主要介绍简单的常开按钮。在学习的过程中,最常用的是如图 7-10 所示的常开按钮。

图 7-10 一种常开按钮

这种常开按钮有四个引脚,而且引脚之间是两两联通的,如图 7-11 所示为其内部连接方式。

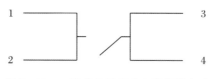

图 7-11 一种常见按键的内部连接方式

2. 按键原理

按键的原理就是按键(输入设备)发送一个电信号(高电平或者低电平),软件检测按键所发信号,然后控制相应的输出设备,例如点亮或者熄灭 LED 灯,控制原理图如图 7-12 所示。

作为机械按钮,键按下或者放开时,都存在着接通或断开的不稳定现象,从而使信号电平出现不稳的现象,这种现象称为抖动。

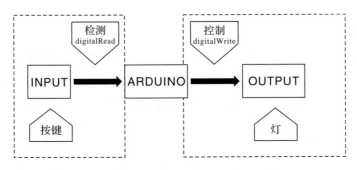

图 7 - 12　按键的控制原理图

由于按键的抖动,使按键对应的输出电平有若干个干扰脉冲,如图 7 - 13 所示。为了保证每按下一次按键,单片机程序只动作一次,就需要消除因按键的抖动现象而引起的错误动作,具体的处理方式分为硬件消除抖动和软件消除抖动,简称消抖。

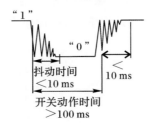

图 7 - 13　按键的波形

由于硬件消抖一般用于按键较少的情况,所有本次实验重点讲解软件消抖的方案。

软件消抖即检测出键闭合后执行一个延时程序,产生 5～10 ms 的延时,让前沿抖动消失后再一次检测键的状态,如果仍保持闭合状态电平,则确认为真正有键按下。当检测到按键释放后,也要给 5～10 ms 的延时,待后沿抖动消失后才能转入该键的处理程序,软件消抖流程如图 7 - 14 所示。

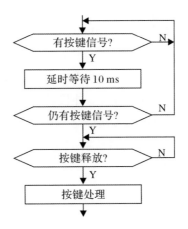

图 7 - 14　软件消抖的流程图

软件消抖常用的函数为 delay( )函数,单位为毫秒(ms),例如 delay(20);延时 20 ms。

7.3.2　电路设计

要在 Arduino 上正确地使用按钮,还需要了解两个重要概念:上拉电阻和下拉电阻。在按键实验中,如果不使用上拉电阻或者下拉电阻,会发现正确代码下载到 Arduino 开发板后,LED 已经亮起来了,但是按键并没有被按下,这不是程序的问题,而是电路出现了问题。Arduino 的板载 LED 之所以在按钮没有被按下时已被点亮,就是由于按键高阻态下被输入了一个稍高的电平。

当输入端口未连接设备或者处于高阻抗状态下,那么它的电位是不确定的。上拉电阻就是将不确定的电信号"拉"成高电平。对应上拉电阻的是下拉电阻,它是用来将一个不确定的电平"拉"成低电平。换句话说在正逻辑电路中,开关一端接电源,另一端则通过一个 10 K 的下拉电阻接地,输入信号从开关和电阻间引出。当开关断开的时候,输入信号被电阻"拉"向地,形成低电平(0 V);当开关接通的时候,输入信号直接与电源相连,形成高电平。对于经常用到的按压式开关,就是按下为高,抬起为低。在电路中的连接电路图如图 7 - 15 所示。

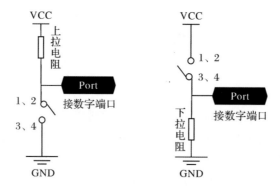

图 7 - 15　上拉电阻和下拉电阻的连接电路图

在上拉电阻连接方案中,按键按下时,Arduino 会检测到低电平,下拉法刚好相反,按下为高电平,一般情况下多采用下拉法。

上节我们设计的小灯实验都应用到了 Arduino 的 I/O 口的输出功能,本节实验我们尝试使用 Arduino 的 I/O 口的输入功能即为读取外接设备的输出值,我们用一个按键和一个 LED 小灯完成一个输入输出结合使用的实验。

将按键接到数字 7 接口,红色小灯接到数字 11 接口,灯和按键的电阻都采用下拉法,按图 7 - 16 所示的原理图连接好电路。

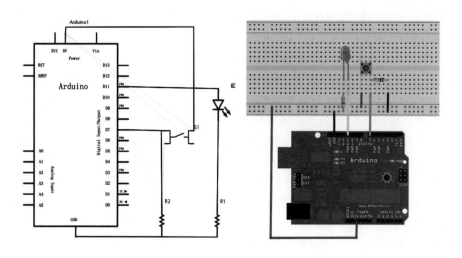

图 7 - 16　实物连接图

7.3.3　程序示例

例 1　按键按下时小灯亮起,按键弹起小灯熄灭。参考程序如下:

```
int ledpin = 11;                //定义数字 11 接口
int inpin = 7;                  //定义数字 7 接口
int val;                        //定义变量 val
void setup( )
{
  pinMode(ledpin,OUTPUT);       //定义小灯接口为输出接口
  pinMode(inpin,INPUT);         //定义按键接口为输入接口
}
void loop( )
{
  val = digitalRead(inpin);     //读取数字 7 口电平值赋给 val
if(val = = LOW)                 //检测按键是否按下,按键按下时小灯亮起
delay(20);                      //延长一段时间以保证按键被完全按下
if(val = = LOW)
{
  digitalWrite(ledpin,LOW);}
else
{
  digitalWrite(ledpin,HIGH);}
}
```

实验结果及其现象:当按键按下时,LED 亮,按键没有按下时,LED 不亮。

本实验的原理很简单,广泛被用于各种电路和电器中,在生活中也不难在各种设备上发现,如当手机按下任一按键时背光灯就会亮起,这就是典型应用。可以把 LED 当成继电器,就可以控制 220 V 电灯。

例 2 利用 Arduino 的中断控制按键程序。

从上面示例的程序中可以看到,程序在开始运行后就持续不断地扫描是否有信号传来。这就会导致 Arduino 的 CPU 负载非常高,其他的一些任务得不到执行。由此可知,这种运行方式是非常低效的。可以利用中断程序高效解决该问题。

中断会在需要的时候向 CPU 发送请求以通知 CPU 处理。CPU 在接收到中断后会暂停执行当前的任务转而处理中断,处理完成后继续执行之前的任务。而在中断未发送的时间需要两个过程:产生中断和处理中断。中断可以由硬件和软件产生,处理中断则需要软件来完成。

中断有两种类型:外部中断和引脚电平变化中断。电平引脚中断可以在所有 20 个针脚使用,但是其使用方法是比较复杂的。外部中断在 Arduino UNO 上只可以在引脚 2 和 3 使用;使用 detachInterrupt( )函数解绑处理函数,这两个函数的原型如下:

```
attachInterrupt(interrupt,ISR,mode)
detachInterrupt(interrupt)
```

其中,参数 interrupt 为中断号,在 Arduino UNO 上可选 0 和 1 分别对应 2、3 端口参数 ISR 为中断处理函数名;参数 mode 可以为如下参数:

LOW:中断在低电平时被触发;

CHANGE:中断在电平改变的时候触发;

RISING:中断在电平从低到高变化后触发;

FALLING:中断在电平从高到低变化后触发。

下面通过示例来演示 attachInterrupt( )函数根据不同的参数表现出的不同效果,这两个示例均使用如图 7-11 所示的电路。实验效果同上面例程,即按下按钮 LED 点亮,松开则熄灭。

```
int leapin = 11;              //LED 端口
int buttonpin = 7;            //按钮端口
int ledState Low;             //LED 状态
void setup( )
{
pinMode(leapin,OUTPUT);
pinMode(buttonpin,INPUT);
attachInterrupt(0,blink,CHANGE);
                       //启用 0 号中断并绑定 blink 函数,并且使用
                          CHANGE 参数
}
void loop( )
{
  digitalWrite(ledpin,ledState);
}
voidblink( )
{
```

```
        ledState = ! ledState;
    }
```

　　将以上代码下载到 Arduino 开发板后,就可以实现按下按键点亮 LED,松开按键则熄灭 LED。由于这里使用的是中端,因此不需要对端口进行扫描进而降低了 CPU 的使用率。

7.4　电位器实验

　　电位器在电器产品中使用得非常广泛,如收音机的音量调节旋钮。它是一种常用的旋转式电位器。在混音器,以及老式的电视机中有一种直线滑动式的电位器。这种电位器相对旋转式电位器能更加直观地展现出控制量。而在立体声音响系统中常使用的是双联式的电位器,这种电位器使用同一个转轴控制,因此可以同时调节两个声道。本节中将详细介绍旋转式单联电位器的使用。其他类型的电位器同旋转式单联电位器原理类似,读者在掌握本章知识后自然会使用其他类型的电位器。

7.4.1　电位器的控制原理

　　电位器是一种三端元件,它由两个固定端和一个滑动端组成,如图 7 - 17 所示。其结构如图 7 - 18 所示。

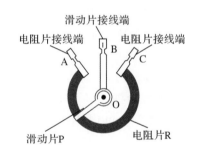

图 7 - 17　常见的旋转式电位器　　　　图 7 - 18　常见电位器内部结构

　　从图 7 - 18 的结构可以看到,其内部结构类似一个滑动变阻器。因此,电位器可以作为个两端元件使用,即只接 A 和 C 端则为一个固定电阻;接 B 和其他任意一端则可以作为可变电阻使用。但在日常使用中还是作为三端元件来使用的,正确的接法是 A 和 C 分别接电源和地,B 接输出。

　　电位器的工作原理是通过修改接入回路中的电阻来使回路中的电压发生变化。因此,电位器可以直接用来控制电路。对于我们使用的 Arduino 来说,则可以通过读取滑动端的电压,然后根据读取到的值来控制其他器件,如 LED 和电动机等。

7.4.2　电路设计

　　线性电位器是一个模拟量的电子元器件,模拟量和数字量有什么区别呢? 数字量只有0 和 1 两种状态,对应的就是开和关,高电平和低电平。而模拟量则不一样,他的数据状态呈现线性状态例如 1~1000。所以本节实验我们学习一下模拟 I/O 接口的使用。电位器在电路中的连接如图 7 - 19 所示。

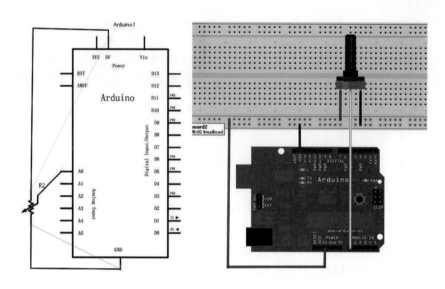

图 7-19   电路连接图

电位器在旋转(旋转式电位器)和滑动(滑动式电位器)的过程中会将更大或者更小的电阻接入电路,而对应的电压则变小或者变大。通过 Arduino 的模拟输入端口,可以读取到这个电压,并为其映射一个相应的值。在 Arduino 编程语言中可以使用 analogRead( )函数读取这个值。该函数的原型如下:

```
analogRead(pin);
```

其中,参数 pin 为需要读取的端口。该函数会返回 0 ~ 1023 的值,也就是说analogRead( )函数会将 0~5 V 的范围映射到 0~1023。

注意:该函数 Arduino UNO 上只有 A0~A5 端口可以用做模拟输入,对应端口编号为14~19。

7.4.3   程序示例

例:旋转电位器旋钮,通过串口窗口观察。参考程序如下:

```
int potpin = 0;                  //定义模拟接口 0
int val = 0;                     //将定义变量 val,并赋初值 0
void setup( )
{
    Serial.begin(9600);         //设置波特率为 9600
}
void loop( )
{
val = analogRead(potpin);       //读取模拟接口 0 的值,并将其赋给 val
Serial.println(val);            //显示出 val 的值
delay(500);
}
```

读出的模拟值如图 7 - 20 所示。

图 7 - 20　串口窗口观察图

模拟值读取是很常用的功能,因为很多传感器都是模拟值输出,读出模拟值后再进行相应的算法处理,就可以应用到需要实现的功能中。

7.5　蜂鸣器实验

蜂鸣器是一种简易的发声设备。虽然它灵敏度不高,但是制作工艺简单,成本低廉。因此常用在计算机、电子玩具和定时器等设备中。本章将详细讲解蜂鸣器的各种使用方式。

7.5.1　蜂鸣器的工作原理及分类

蜂鸣器是通过给压电材料供电来发出声音的。压电材料可以随电压和频率的不同产生机械变形,从而产生不同频率的声音。蜂鸣器又分为有源蜂鸣器和无源蜂鸣器两种,这两种蜂鸣器如图 7 - 21 所示。

图 7 - 21　蜂鸣器

有源蜂鸣器内部集成有震荡源,因此只要为其提供直流电源就可以发声。对应的无源蜂鸣器由于没有集成震荡源,因此需要接在音频输出电路中才可以发声。

区分有源和无源蜂鸣器可以从外观来初步判断:无源蜂鸣器的电路板通常是裸露的,

有源蜂鸣器的电路通常是被黑胶覆盖的。

更精确的判断方法是通过万用表来测量蜂鸣器的电阻。无源蜂鸣器的电阻一般为 8 Ω 或 16 Ω;有源蜂鸣器的电阻则要大得多。

7.5.2 驱动蜂鸣器程序

由于蜂鸣器分为有源和无源两种,因此需要两种方式来驱动蜂鸣器。下面依次讲解这两种方式。

1. 驱动有源蜂鸣器

由于有源蜂鸣器内部集成有震荡源,因此无须在电路中提供震荡源。这样,驱动有源蜂鸣器就变得非常简单,完全可以使用与驱动 LED 类似的程序来驱动,元器件接法如图7-22所示。

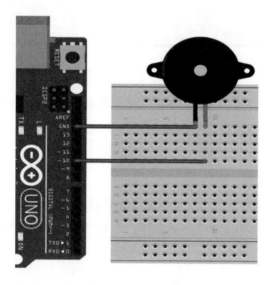

图 7-22 驱动有源蜂鸣器接法

有源蜂鸣器只要通入电流就可以发声,所以这里只需要将 Arduino 的数字输出端口与蜂鸣器的正极连接即可,驱动有源蜂鸣器的代码如下所示。

```
int buzzerPin = 10;                    //蜂鸣器针脚
void setup( )
{
    pinMode(buzzerPin,OUTPUT);         //设置针脚模式为输出
}                                      //交替向针脚输出高低电压
void loop( )
{
    digitalWrite(buzzerPin,HIGH);
    delay(1000);
    digitalWrite(buzzerPin,LOW);
```

```
    delay(1000);
}
```

在将上述代码下载到 Arduino 开发板后,有源蜂鸣器就会以 1 s 的间隔进行发声。

2. 驱动无源蜂鸣器

由于无源蜂鸣器在内部没有集成震荡源,因此需要驱动电路提供震荡源才能正常工作。Arduino 语言提供了 tone( )函数来驱动无源蜂鸣器,该函数的原型如下:

```
tone(pin,frequency,[duration])
```

其中,参数 pin 表示方波输出的针脚;frequency 表示方波的频率,以赫兹(Hz)为单位;duration表示持续的时间,以毫秒(ms)为单位,该参数是可选的。如果在调用 tone( )函数的过程中不指定持续时间(duration),那么 tone( )函数会一直持续执行,直到程序调用noTone( )函数为止。noTone( )函数用来停止 tone( )函数产生的方波,该函数原型为:

```
noTone(pin)
```

其中,参数 pin 表示方波输出的针脚。无源蜂鸣器的元器件接法与有源蜂鸣器接法类似,如图 7 - 23 所示。

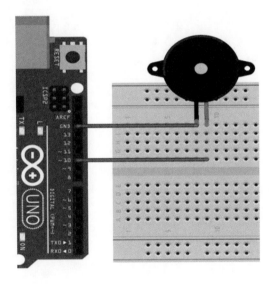

图 7 - 23　驱动无源蜂鸣器接法

Arduino 的 tone( )函数提供指定频率震荡源来驱动无源蜂鸣器,代码如下所示。

```
intpuzzerPin = 10;              //蜂鸣器针脚
void setup( )
{
}
void loop( )
{
tone(puzzerPin,520);            //向蜂鸣器针脚输出 440Hz 的方波来驱动蜂鸣器发声
delay(1000);                    //延时 1000 ms
```

```
noTone(puzzerPin);              //停止生产方波,蜂鸣器不再发声
delay(1000);
}
```

将上面的代码下载到 Arduino 开发板后,蜂鸣器就开始以 1 s 为间隔发出频率为 440 Hz 的声音。

科学精神培养

探索创新

探索,就是人们认识、掌握、利用客观规律的方法和过程。创新,就是在尊重客观规律的前提下,充分发挥主观能动性的新的构思、新的设计、新的产品和新的效益。任何科学技术的发明发现都是一种创新。探索创新是科技活动中最突出的特点。探索创新是科学的生命,没有探索创新,就没有科学本身,没有探索创新,科学事业就不可能得到发展。

探索创新,是科技人员必备的心理品质。只有具有探索创新精神的人,才能勇于思索,敢闯禁区,才会有所发现,有所发明。科技人员的探索创新一经停止,也就失去了从事科学事业的生命力。因此,探索创新,是科技人员至关重要的必备品质。

探索创新,要有强烈的创新意识,即创造的激情、革新的愿望、探索新领域的意向,它是科技人员发明创造的内在动力。缺乏创新意识,不可能跳出前人的圈子,也难成为创新者。

探索创新,要有足够的自信。创新的前提是自信,这是探索创新取胜的心理因素。古今中外几乎每一个优秀的科学家都是非常自信的人;缺乏自信,难以产生创新的勇气和决心。

探索创新,要有坚韧不拔的创新意志和毅力。科技人员在探索创新的道路上会遇到力和挫折,这时需要胆量,需要有坚韧不拔、百折不挠。持之以恒的意志和毅力。只有不畏艰难曲折、坚持不懈的人,才有可能摘下科学皇冠上的宝珠。

本章习题

1. 利用串口监视显示自己的学号,姓名。要求给出程序代码。

2. 完成 6 个 LED 灯交替闪烁,中间间隔时间 2 s 实验,要求给出相关元器件、电路图、程序代码。

3. 完成按键控制 LED 灯,要求按键按下时 LED 灯亮,再按一下 LED 灯灭实验,要求给出相关元器件、电路图、程序代码。

4. 利用按键控制 LED 灯和蜂鸣器,要求按键按下时 LED 灯亮,蜂鸣器响,再次按下 LED 灯灭,蜂鸣器停止。要求给出相关元器件、电路图、程序代码。

第 8 章 Arduino 显示控制

在前面章节中,介绍了 LED 灯、按键等基础实验,本章主要介绍各类显示模块。在实际生活中,或者各类比赛中显示模块都是必不可少的。前面介绍的 LED 灯实验主要针对的是单色 LED 灯,本章主要介绍三色 LED 灯以及其他各类显示模块的原理、电路设计、程序示例等。本章主要介绍的显示模块如下:

- 数码管显示实验;
- 点阵实验;
- 9.6 寸 OLED 实验;
- LCD1602 液晶显示实验。

8.1 三色 LED 控制

8.1.1 原理

1. RGB 三色原理

在中学物理课中我们可能做过棱镜试验,白光通过棱镜后被分解成多种颜色逐渐过渡的色谱,颜色依次为红、橙、黄、绿、青、蓝、紫,这就是可见光谱。其中人眼对红、绿、蓝最为敏感,人的眼睛就像一个三色接收器的体系,大多数的颜色可以通过红、绿、蓝三色按照不同的比例合成产生。同样绝大多数单色光也可以分解成红、绿、蓝三种色光。这是色度学的最基本原理,即三基色原理。三种基色是相互独立的,任何一种基色都不能由其他两种颜色合成。红、绿、蓝是三基色,这三种颜色合成的颜色范围最为广泛。红、绿、蓝三基色按照不同的比例相加合成混色称为相加混色。

红色＋绿色＝黄色

绿色＋蓝色＝青色

红色＋蓝色＝品红

红色＋绿色＋蓝色＝白色

黄色、青色、品红都是由两种及色相混合而成,所以它们又称相加二次色。另外:

红色＋青色＝白色

绿色＋品红＝白色

蓝色＋黄色＝白色

所以青色、黄色、品红分别又是红色、蓝色、绿色的补色。由于每个人的眼睛对于相同的单色的感受有不同,所以,如果我们用相同强度的三基色混合时,假设得到白光的强度为 100%,这时候人的主观感受是,绿光最亮,红光次之,蓝光最弱。

除了相加混色法之外还有相减混色法。在白光照射下,青色颜料能吸收红色而反射青色,黄色颜料吸收蓝色而反射黄色,品红颜料吸收绿色而反射品红。也就是:

$$白色－红色＝青色$$
$$白色－绿色＝品红$$
$$白色－蓝色＝黄色$$

另外,如果把青色和黄色两种颜料混合,在白光照射下,由于颜料吸收了红色和蓝色,而反射了绿色,对于颜料的混合我们表示如下:

$$颜料(黄色＋青色)＝白色－红色－蓝色＝绿色$$
$$颜料(品红＋青色)＝白色－红色－绿色＝蓝色$$
$$颜料(黄色＋品红)＝白色－绿色－蓝色＝红色$$

以上都是相减混色,相减混色就是以吸收三基色比例不同而形成不同的颜色的。所以有把青色、品红、黄色称为颜料三基色。颜料三基色的混色在绘画、印刷中得到广泛应用。在颜料三基色中,红绿蓝三色被称为相减二次色或颜料二次色。在相减二次色中有:

$$(青色＋黄色＋品红)＝白色－红色－蓝色－绿色＝黑色$$

用以上的相加混色三基色所表示的颜色模式称为 RGB 模式,而用相减混色三基色原理所表示的颜色模式称为 CMYK 模式,它们广泛运用于绘画和印刷领域。RGB 模式是绘图软件最常用的一种颜色模式,在这种模式下,处理图像比较方便,而且 RGB 存储的图像要比 CMYK 图像要小,可以节省内存和空间。CMYK 模式是一种颜料模式,所以它属于印刷模式,但本质上与 RGB 模式没有区别,只是产生颜色的方式不同。RGB 为相加混色模式,CMYK 为相减混色模式。例如,显示器采用 RGB 模式,就是因为显示器是电子光束轰击荧光屏上的荧光材料发出亮光从而产生颜色。当没有光的时候为黑色,光线加到最大时为白色。打印机的油墨不会自己发出光线。因而只有采用吸收特定光波而反射其他光的颜色,所以需要用减色法来解决。

2. HLS(色相、亮度、饱和度)原理

HLS 指 Hue(色相)、Luminance(亮度)、Saturation(饱和度)。色相是颜色的一种属性,它实质上是色彩的基本颜色,即我们经常讲的红、橙、黄、绿、青、蓝、紫七种,每一种代表一种色相。色相的调整也就是改变它的颜色。

亮度就是各种颜色的图形原色(如 RGB 图像的原色为 R、G、B 三种或各自的色相)的明暗度,亮度调整也就是明暗度的调整。亮度范围从 0 到 255,共分为 256 个等级。而我们通常讲的灰度图像,就是在纯白色和纯黑色之间划分了 256 个级别的亮度,也就是从白到灰,再转黑。同理,在 RGB 模式中则代表各原色的明暗度,即红、绿、蓝三原色的明暗度,从浅到深。

饱和度是指图像颜色的彩度。对于每一种颜色都有一种人为规定的标准颜色,饱和度就是用描述颜色与标准颜色之间的相近程度的物理量。调整饱和度就是调整图像的彩度。将一个图像的饱和度调为零时,图像则变成一个灰度图像,大家在电视机上可以试一试调整饱和度按钮。

3. 三基色组合七色光原理

三色 LED(RGB LED)灯,通过控制其红、绿、蓝三种颜色的组合,发出其他颜色的光,因此三色 LED 也被称作为全彩 LED 灯或 RGB LED 四脚三色灯。与单色 LED 相比,三色 LED 明显的不同之处为引脚多,它共有 4 个引脚。如图 8-1、图 8-2 中 LED 内部由 3 块 LED 芯片封装而成,因 3 块芯片共用阴极脚,简称共阴,反之,共阳为共用阳极脚。Arduino 的 2、3、4 引脚分别经过电阻与 LED 绿色、红色、蓝色芯片的阳极连接。对于共阳极 RGB LED,想让哪个 LED 点亮就把对应的控制引脚的 IO 设置为 LOW 就可以了。颜色发光组合如下:

红色＋绿色＝黄色

绿色＋蓝色＝青色

红色＋蓝色＝品红

红色＋绿色＋蓝色＝白色

图 8-1　三色 LED 灯　　　　　图 8-2　三色 LED 引脚排列图

8.1.2　电路设计

1. 实验材料

Arduino 开发板

面包板

杜邦线

三色 LED 灯

电阻(110 Ω~10 kΩ 均可,按需求计算)×3

2. 电路连接

LED 共阴脚较长,但四脚间距小,因此需要用钳子等工具调整后方可插入面包板。LED 颜色的混合效果可能不佳,原因是 LED 透明的环氧树脂不能使不同颜色光线很好地折射混合成一种颜色。

电路连接如图 8-3 所示,实验接线如图 8-4 所示,实物连接如图 8-5 所示。

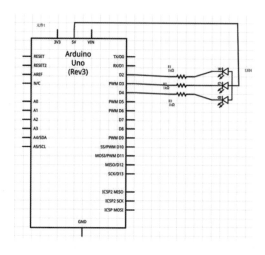

图 8-3　三色 LED 电路连接

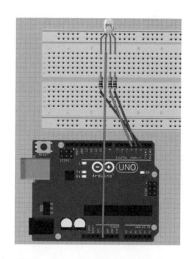

图 8-4　三色 LED 灯实验接线

图 8-5　三色 LED 实物连接图

8.1.3　程序示例

例:能使三色 LED 颜色循环变化,依次发出红、绿、蓝、黄、紫、浅绿颜色的光,每种颜色维持 2 s。程序中空行的目的为区分变换 LED 不同颜色的语句,空行并无延时效果。

```
//设置对应颜色光的阳极引脚
cons t int R = 4;                              //红(Red)
cons t int G = 3;                              //绿(Green)
cons t int B = 2;                              //蓝(B1ue)
void setup( )
    {                                          //设置引脚为电平输出模式
    pinMode(R,OUTPUT);
    pinMode(G,OUTPUT);
    pinMode(B,OUTPUT);
```

```
        }
    void loop( )
    {                                        //以下发单种颜色光
        digitalWrite(R,HIGH);                //红色亮起
        delay(2000);                         //等待 2 秒
        digitalWrite(R,LOW);                 //红色熄灭
        digitalWrite(G,HIGH);                //绿色亮起
        delay(2000);                         //等待 2 秒
        digitalWrite(G,LoW);                 //绿色熄灭
        digitalWrite(B,HIGH);                //蓝色亮起
        delay(2000);
        digitalWrite(B,LoW);                 //以下为两种颜色叠加
        digitalWrite(R,HIGH);
        digitalWrite(G,HIGH);
        delay(2000);
        digitalWrite(R,LOW);
        digitalWrite(G,LOW);
        digitalWrite(R,HIGH);
        digitalWrite(B,HIGH);
        delay(2000);
        digitalWrite(R,LOW);
        digitalWrite(B,LOW);
        digitalWrite(G,HIGH);
        digitalWrite(B,HIGH);
        delay(2000)
        digitalWrite(G,HIGH);
        digitalWrite(B,HIGH);
    }
```

8.2　一位数码管显示

8.2.1　原理

　　数码管是利用发光二极管的光电效应制成的简单的显示器件,是一种常见的显示数字的显示器件,日常生活中含有显示器件的产品主要有:电磁炉、全自动洗衣机、太阳能水温显示,电子钟等数不胜数。所以掌握数码管的显示原理,是很有必要的。LED 数码管由八个发光二极管按一定连接方式组合而成,能够显示 0~9 的数字和简单的字符。发光二极管连接形式有两种,即共阴极和共阳极。共阴极数码管各发光二极管的负极均连接在一起;共阳极数码管各发光二极管正极均连接在一起。

LED 数码管外形一般是长方形。按规定使某些笔段的发光二极管点亮，就能组成数字或字母。通常表示小数点的段叫做 h 段，8 字的每一段分别叫做 a、b、c、d、e、f、g 段。某一段发光二极管的正向导通电流大于 2 mA 时，该段即被点亮发光。导通电流越大，所发光线越强，人眼感觉越亮，但光电二极管的寿命就越短。可以在电路中采用限流电阻控制发光强度。

LED 数码管有 10 个引脚，有两个 COM（两个公共端）端和 a、b、c、d、e、f、h 端共 8 个字段端。8 个字段端分别与一个发光二极管相连接。

在连接数码管电路之前，必须先判断数码管的极性

1. 判断数码管的好坏

将万用表置于电阻 R×1K 或 R×100 挡，将红（黑）表笔接某一管脚，将另一表笔依次接其他管脚，直到依次所接的所有管脚万用表均导通。接某一管脚不动的表笔如果是红表笔，数码管为共阴型，如果是黑表笔，数码管为共阳型。接某一管脚表笔不动时，此时所接管脚为 8 只发光二极管所接的公共端 COM，共阳（阴）型公共端表示为"＋"（"－"），电阻为零的另一管脚为另一公共端。

2. 判断数码管的管型

共阴型（共阳型）将红（黑）表笔接公共端，黑（红）表笔分别接另一公共端外其他管脚，当数码管某一发光二极管亮时，黑（红）表笔所接管脚为图 8-6 中所示发光笔画所表示的字母。

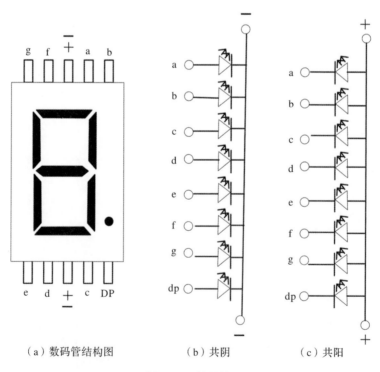

（a）数码管结构图　　　（b）共阴　　　（c）共阳

图 8-6　数码管

8.2.2 电路设计

本实验所使用的是八段数码管。按发光二极管单元连接方式分为共阳极数码管和共阴极数码管。共阳数码管是指将所有发光二极管的阳极接到一起形成公共阳极(COM)的数码管。共阳数码管在应用时应将公共极 COM 接到＋5 V,当某一字段发光二极管的阴极为低电平时,相应字段就点亮。当某一字段的阴极为高电平时,相应字段就不亮。图 8 - 7 所示对应的共阳极七段 LED 数码管,驱动信号编码如表 8 - 1 所示 。

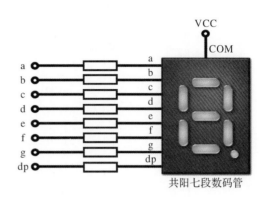

图 8 - 7 共阳极七段

表 8 - 1 共阳极七段 LED 数码管驱动信号编码

数字	dp	16 进位	显示
0	11000000	0xc0	
1	11111001	0xf9	
2	10100100	0xa4	
3	10110000	0xb0	
4	10011001	0x99	
5	10010010	0x92	
6	10000011	0x83	
7	11111000	0xf8	
8	10000000	0x80	
9	10011000	0x98	

共阴数码管是指将所有发光二极管的阴极接到一起形成公共阴极(COM)的数码管。共阴数码管在应用时应将公共极 COM 接到地线 GND 上,当某一字段发光二极管的阳极为高电平时,相应字段就点亮。当某一字段的阳极为低电平时,相应字段就不亮。如图 8 - 8 所示为对应的共阴极七段 LED 数码管,驱动信号编码如表 8 - 2所示。

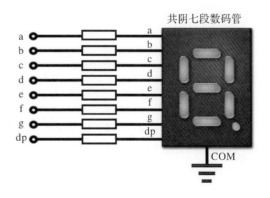

图 8 - 8 共阴七段数码管

表 8-2 共阴极七段 LED 数码管驱动信号编码

数字	dp	16 进位	显示
0	00111111	0x3f	
1	00000110	0x06	
2	01011011	0x5b	
3	01001111	0x4f	
4	01100110	0x66	
5	01101101	0x6d	
6	00111100	0x3c	
7	00000111	0x07	
8	01111111	0x7f	
9	01100111	0x37	

数码管的每一段都是由发光二极管组成的,所以在使用时跟发光二极管一样,也要连接限流电阻,否则电流过大会烧毁发光二极管。本实验用的是共阴极的数码管,共阴数码管在应用时应将公共极接到 GND,当某一字段发光二极管的阳极为低电平时,相应字段就点熄灭。当某一字段的阳极为高电平时,相应字段就点亮。电路原理图如图 8-9 所示,电路连接图如图 8-10 所示。

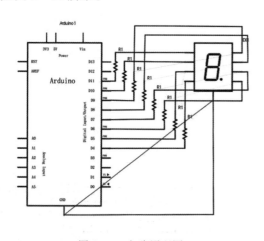

图 8-9 电路原理图

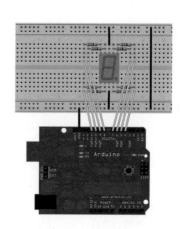

图 8-10 电路连接图

数码管共有七段显示数字的段,还有一个显示小数点的段。当让数码管显示数字时,只要将相应的段点亮即可。例如:让数码管显示数字 1,则将 b、c 段点亮即可。将每个数字写成一个子程序。在主程序中每隔 2 s 显示一个数字,让数码管循环显示 1~8 数字。每一个数字显示的时间由延时时间来决定,时间设置的大些,显示的时间就长些,时间设置的小些,显示的时间就短些。

8.2.3 程序示例

数码管共有七段显示数字的段,还有一个显示小数点的段。当让数码管显示数字时,只要将相应的段点亮即可。例如:让数码管显示数字 1,则将 b、c 段点亮即可。将每个数字写成一个子程序。在主程序中每隔 2 s 显示一个数字,让数码管循环显示 1~8 数字。每一个数字显示的时间由延时时间来决定,时间设置的大些,显示的时间就长些,时间设置的小些,显示的时间就短。

数码管显示 0~9 循环显示程序如下:

```
                                    //设置控制各段的数字 IO 脚
int a = 7;                          //定义数字接口 7 连接 a 段数码管
int b = 6;                          //定义数字接口 6 连接 b 段数码管
int c = 5;                          // 定义数字接口 5 连接 c 段数码管
int d = 10;                         // 定义数字接口 10 连接 d 段数码管
int e = 11;                         // 定义数字接口 11 连接 e 段数码管
int f = 8;                          // 定义数字接口 8 连接 f 段数码管
int g = 9;                          // 定义数字接口 9 连接 g 段数码管
int dp = 4;                         // 定义数字接口 4 连接 dp 段数码管
void digital_0(void)                //显示数字 0
{
    unsigned char j;
    digitalWrite(a,HIGH);
    digitalWrite(b,HIGH);
    digitalWrite(c,HIGH);
    digitalWrite(d,HIGH);
    digitalWrite(e,HIGH);
    digitalWrite(f,HIGH);
    digitalWrite(g,LOW);
    digitalWrite(dp,LOW);
}
void digital_1(void)                //显示数字 1
{
    unsigned char j;
    digitalWrite(c,HIGH);           //给数字接口 5 引脚高电平,点亮 c 段
    digitalWrite(b,HIGH);           //点亮 b 段
    for(j = 7;j< = 11;j+ +)         //熄灭其余段
    digitalWrite(j,LOW);
    digitalWrite(dp,LOW);           //熄灭小数点 DP 段
}
void digital_2(void)                //显示数字 2
```

```
{
    unsigned char j;
    digitalWrite(b,HIGH);
    digitalWrite(a,HIGH);
    for(j = 9;j< = 11;j + + )
    digitalWrite(j,HIGH);
    digitalWrite(dp,LOW);
    digitalWrite(c,LOW);
    digitalWrite(f,LOW);
}
void digital_3(void)                          //显示数字 3
{
    digitalWrite(g,HIGH);
    digitalWrite(a,HIGH);
    digitalWrite(b,HIGH);
    digitalWrite(c,HIGH);
    digitalWrite(d,HIGH);
    digitalWrite(dp,LOW);
    digitalWrite(f,LOW);
    digitalWrite(e,LOW);
}
void digital_4(void)                          //显示数字 4
{
    digitalWrite(c,HIGH);
    digitalWrite(b,HIGH);
    digitalWrite(f,HIGH);
    digitalWrite(g,HIGH);
    digitalWrite(dp,LOW);
    digitalWrite(a,LOW);
    digitalWrite(e,LOW);
    digitalWrite(d,LOW);
}
void digital_5(void)                          //显示数字 5
{
unsigned char j;
    digitalWrite(a,HIGH);
    digitalWrite(b,LOW);
    digitalWrite(c,HIGH);
    digitalWrite(d,HIGH);
```

```
    digitalWrite(e,LOW);
    digitalWrite(f,HIGH);
    digitalWrite(g,HIGH);
    digitalWrite(dp,LOW);
}
void digital_6(void)                    //显示数字 6
{
    unsigned char j;
    for(j=7;j<=11;j++)
    digitalWrite(j,HIGH);
    digitalWrite(c,HIGH);
    digitalWrite(dp,LOW);
    digitalWrite(b,LOW);
}
void digital_7(void)                    //显示数字 7
{
    unsigned char j;
    for(j=5;j<=7;j++)
    digitalWrite(j,HIGH);
    digitalWrite(dp,LOW);
    for(j=8;j<=11;j++)
    digitalWrite(j,LOW);
}
void digital_8(void)                    //显示数字 8
{
    unsigned char j;
    for(j=5;j<=11;j++)
    digitalWrite(j,HIGH);
    digitalWrite(dp,LOW);
}
void digital_9(void)                    //显示数字 9
{
    unsigned char j;
    digitalWrite(a,HIGH);
    digitalWrite(b,HIGH);
    digitalWrite(c,HIGH);
    digitalWrite(d,HIGH);
    digitalWrite(e,LOW);
    digitalWrite(f,HIGH);
```

```
        digitalWrite(g,HIGH);
        digitalWrite(dp,LOW);
}
void setup( )
{
        int i;                          //定义变量
        for(i = 4;i< = 11;i + +)
        pinMode(i,OUTPUT);              //设置 4～11 引脚为输出模式
}
void loop( )
{
        while(1)
{
        digital_0( );                   //显示数字 0
        delay(1000);                    //延时 1 s
        digital_1( );                   //显示数字 1
        delay(1000);                    //延时 1 s
        digital_2( );                   //显示数字 2
        delay(1000);                    //延时 1 s
        digital_3( );                   //显示数字 3
        delay(1000);                    //延时 1 s
        digital_4( );                   //显示数字 4
        delay(1000);                    //延时 1 s
        digital_5( );                   //显示数字 5
        delay(1000);                    //延时 1s
        digital_6( );                   //显示数字 6
        delay(1000);                    //延时 1 s
        digital_7( );                   //显示数字 7
        delay(1000);                    //延时 1 s
        digital_8( );                   //显示数字 8
        delay(1000);                    //延时 1 s
        digital_9( );                   //显示数字 9
        delay(1000);                    //延时 1 s
    }
}
```

8.3　8×8 点阵实验

本节包括点阵的原理、电路设计及程序示例。

8.3.1　原理

点阵在我们生活中很常见,很多地方都会用到它,比如 LED 广告显示屏,电梯显示楼层。8×8 点阵共由 64 个发光二极管组成(见图 8-11),且每个发光二极管是放置在行线和列线的交叉点上,当对应的某一行置 1 电平,某一列置 0 电平,则相应的二极管就亮;如要将第一个点点亮,则 9 脚接高电平 13 脚接低电平;如果要将第一行点亮,则第 9 脚要接高电平,而(13、3、4、10、6、11、15、16)这些引脚接低电平;如要将第一列点亮,则第 13 脚接低电平,而(9、14、8、12、1、7、2、5)接高电平。8×8 点阵内部结构如图 8-12 所示。

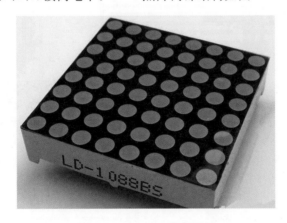

图 8-11　8×8 点阵外形图

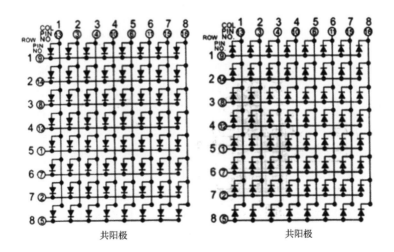

共阳极　　　　　　　　　　共阳极

图 8-12　8×8 点阵内部结构图

8.3.2 电路设计

实验材料:

Arduino 开发板 1 块;

8×8 点阵 1 个;

杜邦线若干;

面包板 1 块。

电路连接图如图 8-13 所示,点阵模块引脚连接如下:

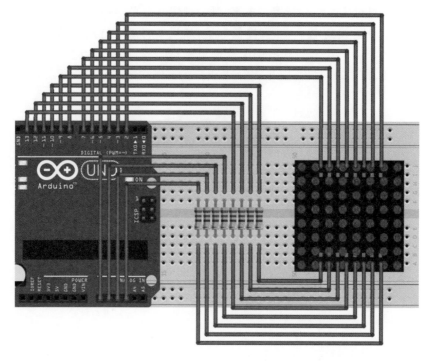

图 8-13 电路连接图

点阵第一行 9 脚连接 arduino 6 脚;点阵第二行 14 脚连接 arduino 8 脚;
点阵第三行 6 脚连接 arduino 8 脚;点阵第四行 12 脚连接 arduino 9 脚;
点阵第五行 1 脚连接 arduino 10 脚;点阵第六行 7 脚连接 arduino 11 脚;
点阵第七行 2 脚连接 arduino 12 脚;点阵第八行 5 脚连接 arduino 13 脚;
点阵第一列 13 脚连接 arduino 5 脚;点阵第二列 3 脚连接 arduino 4 脚;
点阵第三列 4 脚连接 arduino 3 脚;点阵第四列 10 脚连接 arduino 2 脚;
点阵第五列 6 脚连接 arduino 14 脚;点阵第六列 11 脚连接 arduino 15 脚;
点阵第七列 15 脚连接 arduino 16 脚;点阵第八列 16 脚连接 arduino 17 脚。

8.3.3 程序示例

在点阵实验中可以引用库函数写,也可以不用库函数。以下示例是无库函数例程。

例:点阵显示 0~9,并左移动显示 HELLO(无库函数)。

```
const int row[] = {13,12,11,10,9,8,7,6};   //row 5,2,7,1,12,8,14,9(从最后一行开始)

int k = 0;
const int col[] = { 5,4,3,2,14,15,16,17};  //col 13,3,4,10,6,11,15,16(从第一列开始)

unsigned char code0[] = {0x00,0x00,0x7e,0x81,0x81,0x7e,0x00,0x00};        //数 0
unsigned char code1[8] = {0x01,0x21,0x41,0xff,0x01,0x01,0x01,0x00};       //数 1
unsigned char code2[8] = {0x00,0x21,0x43,0x85,0x89,0x51,0x21,0x00};
unsigned char code3[8] = { 0x00,0x42,0x81,0x89,0x95,0x62,0x00,0x00};
unsigned char code4[8] = {0x00,0x18,0x28,0x48,0xff,0x08,0x08,0x00};
unsigned char code5[8] = {0x00,0x04,0x02,0xf1,0x49,0x49,0x46,0x00};
unsigned char code6[8] = {0x00,0x00,0x1e,0x29,0x49,0x89,0x06,0x00};
unsigned char code7[8] = {0x00,0x00,0x40,0x40,0x40,0x7f,0x00,0x00};
unsigned char code8[8] = {0x00,0x00,0xff,0x99,0x99,0xff,0x00,0x00};
unsigned char code9[8] = {0x00,0x00,0xf3,0x91,0x91,0xff,0x00,0x00};       //数 9
unsigned char codeHello[] = {0x00,0x7f,0x08,0x08,0x08,0x7f,0x00,0x00,  //H
                             0x00,0x7f,0x49,0x49,0x49,0x49,0x00,0x00,  //E
                             0x00,0x7f,0x01,0x01,0x01,0x01,0x00,0x00,  //L
                             0x00,0x7f,0x01,0x01,0x01,0x01,0x00,0x00,  //L
                             0x00,0x3e,0x41,0x41,0x41,0x3e,0x00,0x00   //O
};
byte a[8];
void fj(unsigned char t)
{
  for(int i = 0;i<8;i++){
    a[i] = (byte)(t&0x01);
    t>>= 1;
    }
  }
void setup( ){
  for(int i = 2;i<18;i++){
    pinMode(i,OUTPUT);
    }
  }
void display(unsigned char * table)
```

```
{
  for( int i = 0;i<8;i + + ){
      fj(table[i]);
        for( int j = 0;j<8;j + + ){

          if(a[j]){
              digitalWrite(row[j],HIGH);
              }
          else digitalWrite(row[j],LOW);
    }
      digitalWrite(col[i],LOW);
      delay(1);
      digitalWrite(col[i],HIGH);
  }
}
void loop( )
{
  for(int i = 0 ;i < 50 ;i + + ){
  display(code0);}
  for(int i = 0 ;i < 50 ;i + + )
  {
    display(code1);}
    for(int i = 0 ;i < 50 ;i + + ){
    display(code2);}
    for(int i = 0 ;i < 50 ;i + + ){
    display(code3);}
    for(int i = 0 ;i < 50 ;i + + ){
    display(code4);"
  }
    for(int i = 0 ;i < 50 ;i + + ){
    display(code5);}
    for(int i = 0 ;i < 50 ;i + + ){
    display(code6);}
    for(int i = 0 ;i < 50 ;i + + ){
    display(code7);}
    for(int i = 0 ;i < 50 ;i + + )
  {
    display(code8);}
    for(int i = 0 ;i < 50 ;i + + )
```

```
{
  display(code9);}
  for(int j = 0;j<32;j++)                              //4 * 8 个点阵显示
{
  for(int i = 0 ;i < 50 ;i++){
  display(codeHello + j);}
  }
  }
```

8.4　LCD1602 液晶显示实验

本节包括 LCD1602 液晶显示原理、电路连接、用到的函数及程序示例。

8.4.1　原理

液晶(Liquid Crystal)是一种高分子材料,因为其特殊的物理、化学、光学特性,20 世纪中叶开始广泛应用在轻薄型显示器上。液晶显示器(Liquid Crystal Display ,LCD)的主要原理是以电流刺激液晶分子产生点、线、面并配合背光灯管构成画面。当通电时导通,排列变得有秩序,使光线容易通过;不通电时排列混乱,阻止光线通过。LCD 技术是把液晶灌入两个列有细槽的平面之间。这两个平面上的槽互相垂直(相交成 90°)。由于光线顺着分子的排列方向传播,所以光线经过液晶时也被扭转 90°。但当液晶上加一个电压时,分子便会重新垂直排列,使光线能直射出去,而不发生任何扭转。总之,加电将光线阻断,不加电则使光线射出,而诸多方格的组合则可以显示所期望的图形,这便是单色液晶显示的原理。

为简述方便,通常把各种液晶显示器都直接叫做液晶。各种型号的液晶通常是按照显示字符的行数或液晶点阵的行、列数来命名的。例如:1602 的意思是每行显示 16 个字符,一共可以显示两行。表 8-3 是 LCD1602 液晶显示基本概要构成。

表 8-3　LCD1602 液晶显示基本概要构成

显示字符	工作电压	工作电流	字符尺寸	引脚数
16×2 个字符	4.5~5.5 V	2.0 mA(5.0 V)	2.95×4.35(W×H)mm	16

8.4.2　电路设计

实验材料如下:

Arduino 开发板 1 块;

LCD1602 液晶显示 1 块;

面包板 1 块;

按键 1 个;

杜邦线若干。

LCD1602 液晶显示引脚说明如表 8-4 所示。

表 8 - 4 LCD1602 液晶引脚定义

管脚号	符号	功能
1	VSS	电源地(GND)
2	VDD	电源电压(＋V)
3	V0	LCD 驱动电压(可调)一般接一电位器来调节电压
4	RS	指令、数据选择端(RS＝1:数据寄存器;RS＝0:指令寄存器)
5	R/W	读写控制端(R/W＝1:读操作;R/W＝0:写操作;)
6	E	读写控制输入端(读数据:高电平有效;写数据:下降沿有效)
7~14	DB0~DB7	数据输入/输出端口(8 位方式:DB0~DB7;4 位方式:DB0~DB3)
15	A	背光灯的正端＋5 V
16	K	背光灯的负端 0 V

(1)电源需要用两组,一组是模块电源,另一组是背光电源,一般均使用 5 V 供电。

(2)VL 是调解对比度的引脚,需要串联最大电阻小于 5 kΩ 的电位器进行调节。电位器的连接分为高电位和低电位的接法,在图 8 - 14 中使用的是低电位接法,串联 1 kΩ 电阻之后接 GND。

(3)VL 是调解对比度的引脚,需要串联最大电阻小于 5 kΩ 的电位器进行调节。电位板电源,一般均使用 5 V 供电。注意接地的对比度电阻是不同的,读者在连接之前请连接在电位器上进行测试。

(4)RS 是命令/数据选择引脚,该引脚电平为高时表示将进行数据操作,电平为低时表示进行命令操作。

(5)R/W 是读/写选择引脚,该引脚电平为高时表示要对液晶进行读操作,电平为低时表示要进行写操作。

(6)E 是使能端口,总线信号稳定后,会向使能端发射正脉冲信号,以便读取数据,而使能端维持高电平时,总线会让其维持原状态。

LCD1602 液晶显示电路连接图如图 8 - 14 所示,LCD1602 液晶显示电路原理图如图 8 - 15 所示。

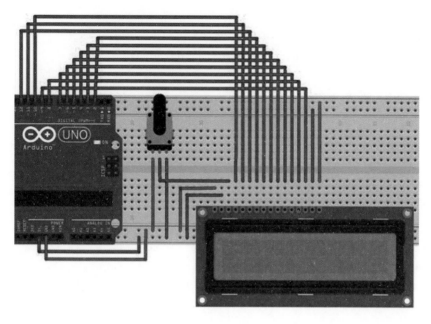

图 8 - 14　电路连接图

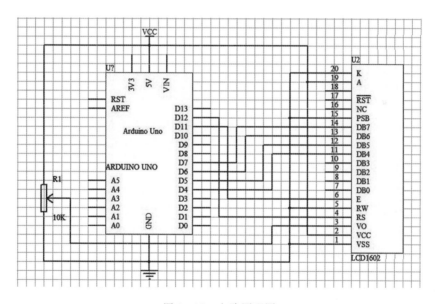

图 8 - 15　电路原理图

8.4.3　程序示例

1. 程序中的函数

(1)LiquidCrystal( )是 LiquidCrystal。

函数:LiquidCrystal( )是 LiquidCrystal 类的构造函数,用于初始化 LCD。需要根据所使用的接线方式来填写对应的参数。语法:根据接线方式的不同,函数的使用方法也不同,8

位数据线接法的语法是：

　　LiquidCrystal(rs,enable,d0,dl,d2,d3,d4,d5,d6,d7)

　　LiquidCrystal(rs,rw,enable,d0,dl,d2,d3,d4,d5,d6,d7)

　　参数：

　　rs,连接到 RS 的 Arduino 引脚

　　rw,连接到 R/W 的 Arduino 引脚(可选)

　　enable,连接到 E 的 Arduino 引脚

　　d0,dl,d2,d3,d4,d5,d6,d7,连接到对应数据线的 Arduino 引脚

　　(2)begin( )。

　　函数:begin( )的功能是设置显示器的宽度和高度

　　语法:lcd. begin(cols,rows)

　　参数：

　　lcd,LiquidCrystal 类的实例化对象

　　cols,LCD 的列数；rows,LCD 的行数。这里使用 1602 LCD,因此设置为 begin(16,2)
即可

　　返回值:无

　　(3)clear( )。

　　函数:clear( )的功能是清屏。清除屏幕上的所有内容,并将光标定位到屏幕左上角
位置

　　语法:lcd. Clear( )

　　参数:lcd,LiquidCrystal 类的对象

　　(4)home( )。

　　函数:home( )功能是使光标复位。将光标定位到屏幕左上角位置

　　语法:lcd. home( )

　　参数:lcd,LiquidCrystal 类的对象

　　返回值:无

　　(5)setCursor( )。

　　函数:setCursor( )功能是设置光标位置。将光标定位在指定位置,如 setCursor(2,2)
即是将光标定位到第 2 列、第 2 行的位置

　　语法:lcd. setCursor(col,row)

　　参数:col,光标需要定位到的列；row,光标需要定位到的行

　　返回值:无

　　(6)write( )。

　　函数:write( )功能是输出一个字符到 LCD 上。每输出一个字符,光标就会向后移动一格

　　语法:lcd. write(data)

　　参数:lcd,LiquidCrystal 类的对象；data,需要显示的字符

　　返回值:输出的字符数

　　(7)print( )。

　　函数:print( )功能是将文本输出到 LCD 上。每输出一个字符,光标就会向后移动一格

语法:lcd. print(data)　lcd. print(data,BASE)

参数:lcd,LiquidCrystal 类的对象;data,需要输出的数据(类型可为 char、byte、int、long、String)

BASE:输出的进制形式

BIN,二进制

DEC,十进制

OCT,八进制

HEX,十六进制

返回值,输出的字符数

(8)cursor( )。

函数:cursor( )功能是显示光标。在当前光标所在位置会显示一条下划线

语法:lcd. cursor( )

参数:lcd,LiquidCrystal 类的对象。返回值:无

(9)noCursor( )。

函数:noCursor( )功能是隐藏光标

语法:lcd. noCursor( )lcd,LiquidCrystal 类的对象

返回值:无

(10)display( )。

函数:display( )功能是开启 LCD 的显示功能。它将会显示在使用 noDisplay( )关闭显示功能之前的 LCD 显示任何内容

语法:lcd. display( )

参数:lcd,LiquidCrystal 类的对象

返回值:无

(11)noDisplay( )。

函数:noDisplay( )功能是关闭 LCD 的显示功能。LCD 将不会显示任何内容,但之前显示的内容不会丢失,当使用 display( )函数开启显示时,之前的内容会显示出来

语法:lcd. noDisplay( )

参数:lcd,LiquidCrystal 类的对象

返回值:无

(12)scrollDisplayLeft( )。

函数:scrollDisplayLeft( )功能是向左滚屏。将 LCD 上显示的所有内容向左移动一格

语法:lcd. scrollDisplayLeft( )

参数:lcd,LiquidCrystal 类的对象

返回值:无

(13)scrollDisplayRight( )。

函数:scrollDisplayRight( )功能是向右滚屏。将 LCD 上显示的所有内容向右移动一格

语法:lcd. scrollDisplayRight( )

参数:lcd,LiquidCrystal 类的对象

返回值:无

(14)autoscroll( )。

函数:autoscroll( )功能是自动滚屏

语法:lcd. autoscroll( )

参数:lcd,LiquidCrystal 类的对象

返回值:无

(15)noAutoscroll( )。

函数:noAutoscroll( )功能是关闭自动滚屏

语法:lcd. noAutoscroll( )

参数:lcd,LiquidCrystal 类的对象

返回值:无

(16)createChar( )。

函数:createChar( )功能是创建自定义字符。最大支持 8 个 5×8 像素的自定义字符。8 个字符可以用 1~8 编号。每个自定义字符都使用一个 8B 的数组保存。当输出自定义字符到 LCD 上时,需要使用 write( )函数

语法:lcd. createChar(Num,Data)

参数:lcd,LiquidCrystal 类的对象;Num,自定义字符的编号(1~8);Data,自定义字符像素数据

返回值:无

2. 示例

```
#include <LiquidCrystal.h>          //实例化一个 LED 的 LiquidCrystal 类的对
                                     //象,并初始化相关引脚
LiquidCrystal lcd(12,11,4,5,6,7);    //初始化
void setup( )                        //设置 LCD 行、列数,2 行、16 列
{
    lcd.begin(16,2);
}
void loop( )
{
    lcd.setCursor(1,0);              //设置光标位置到 0 行、1 列
    lcd.print("^_^ Welcome ^_^");    //打印输出"^_^ Welcome ^_^"
    lcd.setCursor(1,1);              //设置光标位置到 0 行、1 列
    lcd.print("I love arduino");     //打印输出"I love arduino"
}
```

8.5　OLED 液晶显示实验

除了 1602LCD 外,Arduino 还支持众多显示器,如果字符型液晶显示屏不能满足项目需求,那么可以选择图形液晶显示器。这里将用到支持众多图形显示的 OLED 显示器,显示图形、汉字,甚至更高级的动画。

8.5.1　原理

OLED 即有机发光二极管(Organic Light-Emitting Diode),又称为有机电激光显示(Organic Electro Luminesence Display,OELD)。OLED 由于同时具备自发光,不需背光源、对比度高、厚度薄、视角广、反应速度快、可用于挠曲性面板、使用温度范围广、构造及制造过程较简单等优异之特性,被认为是下一代的平面显示器新兴应用技术。

有机发光显示技术由非常薄的有机材料涂层和玻璃基板构成。当有电荷通过时这些有机材料就会发光。OLED 发光的颜色取决于有机发光层的材料,故厂商可通过改变发光层的材料得到所需的颜色。有源阵列有机发光显示屏具有内置的电子电路系统,因此每个像素都有一个对应的电路独立驱动。

从 2003 年开始,这种显示设备在 MP3 播放器上得到了应用。OLED 在显示领域使用非常广泛,如在商业领域 OLED 显示屏可以适用于 POS 机、ATM 机、复印机、游戏机等;在通信领域则可适用于手机、移动网络终端等;在计算机领域则可大量应用在 PDA、商用 PC和家用 PC、笔记本电脑上;消费类电子产品领域,则可适用于音响设备、数码相机、便携式DVD;在工业应用领域则适用于仪器仪表等;在交通领域则用在 GPS、飞机仪表上等。

LCD 都需要背光,而 OLED 不需要,因为它是自发光的。这样,同样的显示 OLED 效果要优于 LCD。以目前的技术,OLED 的尺寸还难以大型化,但是分辨率却可以做到很高。

1.0.96 寸 OLED 显示屏模块

本实验中将使用的是 0.96 寸 OLED 显示屏,其外形如图 8-16 所示。该显示屏是一块小巧的图形液晶显示器,占用引脚资源更少,使用更为方便。

该屏有以下特点:

(1)0.96 寸 OLED 有黄蓝、白、蓝三种颜色可选;其中黄蓝是屏上 1/4 部分为黄光,屏下 3/4 为蓝光;而且是固定区域显示固定颜色,颜色和显示区域均不能修改;白光则为纯白,也就是黑底白字;蓝色则为纯蓝,也就是黑底蓝字。

(2)高分辨率,该模块的分辨率为 128×64 像素,故称为 12864OLED。

(3)尺寸小,显示尺寸为 0.96 寸,而模块的尺寸仅为 27 mm×26 mm 大小。

图 8-16　0.96 寸 OLED 显示屏

(4)多种接口方式。OLED裸屏总共四种接口,包括:6800、8080两种并行接口方式(这两种接口占用数据线比较多,不太常用)、4线的串行SPI接口方式、IIC接口方式(只需2根线控制OLED),这四种接口是通过屏上的BS1/BS2来配置的,BS1/BS2的设置与模块接口模式的关系如表8-5所示,详细配置可查看0.96寸OLED官方数据手册。

表8-5 OLED模块工作模式选择

接口方式	4线SPI	IIC	8位并行6800	8位并行8080
BS1	0	1	0	1
BS2	0	0	1	1

2. 引脚参数与连接方法

本屏接口默认为七针的SPI接口模块,如图8-17所示。共有七个管脚,1~7分别为GND、VCC、D0、D1、RES、DC、CS,各引脚配置说明如表8-6所示。

图8-17 0.96寸OLED显示屏引脚

表8-6 七针OLED的引脚配置

引脚编号	符号	引脚说明
1	GND	电源地
2	VCC	电源正极(3~5.5 V)
3	D0	OLED的D0脚,在SPI和IIC通信中为时钟管脚(SCL/SCK)
4	D1	OLED的D1脚,在SPI和IIC通信中为数据管脚(SDA)
5	RES	OLED的RES脚,用来复位(低电平复位)
6	DC	OLED的DC脚,数据和命令控制管脚
7	CS	OLED的CS脚,也就是片选管脚

　　在使用的时候一定注意,如图 8 - 14 所示,在 SPI 接口中 R1、R2、R8 三个电阻是不焊接的,如果想用 IIC 接口,需要将 R3 换到 R1 上,R8 可以焊接也可不焊接。

　　用 IIC 接口需在 IIC 接口中将 RES 接高电平,可以与 VCC 对接,使 OLED 复位脚一直维持高电平,也就是不复位的状态;同时需要将 DC、CS 接电源地;此时 IIC 通信中只需要 GND、VCC、D0(时钟信号)、D1(数据信号)四根线了。但是这样比较麻烦,建议直接选用四针的 IIC 接口模块,如图 8 - 18 所示。共四个管脚,分别为 GND、VCC、SCL(OLED 的 D0 脚,在 IIC 通信中为时钟管脚)、SDA(OLED 的 D1 脚,在 IIC 通信中为数据管脚)。

图 8 - 18　IIC 接口的 OLED 模块

3.0.96 寸 OLED 驱动芯片

　　本屏所用的驱动 IC 为 SSD1306,其具有内部升压功能,所以在设计的时候不需要再专门设计升压电路。当然了,本屏也可以选用外部升压,具体请详查数据手册。SSD1306 是一个单片 CMOSOLED/PLED 驱动芯片,可以驱动有机/聚合发光二极管点阵图形显示系统。该芯片专为共阴极 OLED 面板设计,其中嵌入了对比度控制器、显示 RAM 和晶振,并因此减少了外部器件和功耗。有 256 级亮度控制,数据/命令的发送有三种接口可选择:6800/8000 串口,IIC 接口或 SPI 接口。适用于多数简单的应用,如移动电话的屏显,MP3 播放器和计算器等。

　　SSD1306 的显存总共为 128×64 bit,SSD1306 将这些显存分为了 8 页。每页包含了 128 个字节,总共 8 页,这样刚好是 128×64 的点阵大小,如表 8 - 7 所示。

表 8 - 7　SSD1306 的显存空间示意

	列(COL0~COL127)						
	SEG0	SEG1	SEG2	……	SEG125	SEG126	SEG127
行 (COM0~COM63)	PAGE0						
	PAGE1						
	PAGE2						
	PAGE3						
	PAGE4						
	PAGE5						
	PAGE6						
	PAGE7						

8.5.2　电路设计

实验材料准备如下：

Arduino 开发板 1 块；

0.96 寸 OLED 液晶显示模块；

面包板 1 块；

杜邦线若干。

本节实验使用的 0.96 寸 OLED 采用四线 SPI 接口方式，选择 SPI 通信方式将 Arduino 与 OLED 屏连接，引脚对应连接如表 8 - 8 所示，电路连接图如图 8 - 19 所示。

表 8 - 8　Arduino 与 OLED 屏的四线 SPI 连接

Adruino 端口	OLED 屏引脚
GND	GND
5 V	VCC
13	D0(SCK)
11	D1(MOSI)
10	CS
9	DC(A0)
RESET	RES

图 8 - 19　Arduino 与 OLED 屏的四线 SPI 电路连接图

8.5.3　取模软件的使用

取模主要由三种：图片、字符、汉字取的原理基本都一样，具体如下：

1. 汉字转换为位图

利用 OLED 显示汉字或复杂图形时，按以下流程进行操作，需将文字转换为一张单色位图，保存格式为 *.bmp。如图 8 - 20 所示，在画图软件上设置一个分辨率为 128×64 像素的单色位图并保存。

图 8 - 20　汉字转化成位图

2. 位图的取模

取模就是将以上生成的单色位图转换成程序能够识别的字模数组,具体按以下流程操作。各个操作环节参考图 8 - 21 所示。

图 8 - 21　位图取模的流程图

具体操作步骤如下:

第一步:打开取模软件 PCtoLCD2002,选择图形模式,如图 8 - 22 所示。

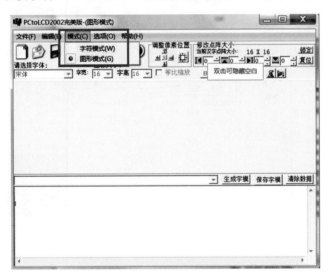

图 8 - 22　选择图形模式

第二步:打开 BMP 格式的位图图片,如图 8 - 23 所示。

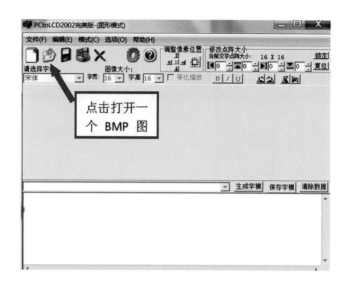

图 8 - 23　打开 BMP 格式的位图图片

第三步:字模选项,注意切勿选错,如图 8 - 24 所示。

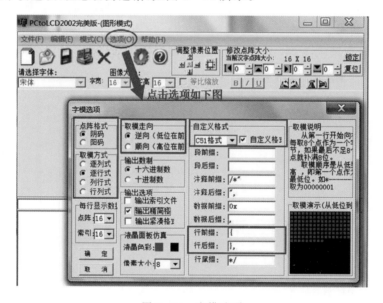

图 8 - 24　字模选项

第四步:生成字模数组,并将其复制到程序中,如图 8 - 25 所示。

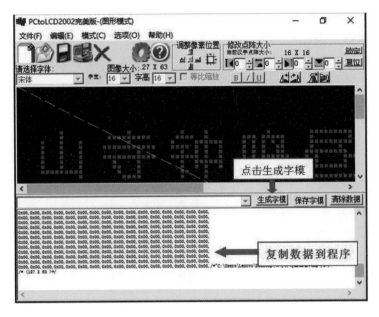

图 8-25　复制程序

8.5.4　程序示例

完成实验,除了硬件电路设计,取模软件的学习外,还需要下载编译程序,程序中必须加入库函数 U8glib 类库,加入 U8glib 类库具体操作步骤如下:

(1)在官方网站下载 U8glib 类库文件。

(2)将类库 U8glib.zip 解压放到 AdruinoIDE 下的 libraries 文件夹下。

(3)打开 U8glib\examples 文件夹,任选一个文件打开,找到本实验 0.96 寸 OLED 的控制芯片 U8GLIB_SSD1306_128x64,将前面的//删除。

实验中可以 U8glib\examples\U8gLogo 为例,打开文件后,如图 8-26 所示。找到 Arduino C 语句:"//U8GLIB _ SSD1306 _ 128X64u8g(13,11,10,9);"将前面的//删除。每次换电脑,或者重新安装软件后,都必须重新检查 U8GLIB_SSD1306_128x64 前面的//是否删除。

```
//U8GLIB_PCD8544 u8g(13, 11, 10, 9, 8);            // SPI Com: SCK = 13, MOSI = 11,
//U8GLIB_PCF8812 u8g(13, 11, 10, 9, 8);            // SPI Com: SCK = 13, MOSI = 11,
//U8GLIB_KS0108_128 u8g(8, 9, 10, 11, 4            检查前面的//是否去除  6);
//U8GLIB_LC7981_160X80 u8g(8, 9, 10, 11            一定要删除//              6);
//U8GLIB_LC7981_240X64 u8g(8, 9, 10, 11                                     16);
//U8GLIB_LC7981_240X128 u8g(8, 9, 10, 11, 4, 5, 6, 7, 14, 15, 17, 16);
//U8GLIB_ILI9325D_320x240 u8g(17, 18, ...
//U8GLIB_SBN1661_122X32 u8g(8, 9, 10, 11, 4, 5, 6, 7, 14, 15, 17, U8G_PIN_NONE, 16);
U8GLIB_SSD1306_128X64 u8g(13, 11, 10, 9);          // SW SPI Com: SCK = 13, MOSI =
//U8GLIB_SSD1306_128X64 u8g(10, 9);                // HW SPI Com: CS = 10, A0 = 9 (
//U8GLIB_SSD1306_128X64 u8g(U8G_I2C_OPT_NONE);     // I2C / TWI
//U8GLIB_SSD1306_128X64 u8g(U8G_I2C_OPT_NO_ACK);   // Display which does no
//U8GLIB_SSD1306_ADAFRUIT_128X64 u8g(13, 11, 10, 9);  // SW SPI Com: SCK = 13,
//U8GLIB_SSD1306_ADAFRUIT_128X64 u8g(10, 9);       // HW SPI Com: CS = 10,
//U8GLIB_SSD1306_128X32 u8g(13, 11, 10, 9);        // SW SPI Com: SCK = 13, MOSI =
//U8GLIB_SSD1306_128X32 u8g(10, 9);                // HW SPI Com: CS = 10, A0 = 9 (
//U8GLIB_SSD1306_128X32 u8g(U8G_I2C_OPT_NONE);     // I2C / TWI
//U8GLIB_SH1106_128X64 u8g(13, 11, 10, 9);         // SW SPI Com: SCK = 13, MOSI =
//U8GLIB_SH1106_128X64 u8g(U8G_I2C_OPT_NONE);      // I2C / TWI
```

图 8-26　选取芯片型号

U8glib 类库的使用

1. OLED 连接 Arduino 并建立 U8g 对象

连接好 OLED 与 Arduino 后，需要在程序中包含 U8glib.h 头文件，并建立一个 OLED 对象，相关语句如下：

```
#include"stdio.h"
#include"stdlib.h"
#include"U8glib.h"  //包含头文件
U8GLIB_SSD1306_128X64u8g(13,11,10,9);  //建立 OLED 对象,SW SPI Com;SCL = 13,
                                         SDA = 11,CS = 10,DC = 9,RES = RESET。
```

这样便成功建立了一个名为 U8g、代表 12864OLED 的对象。

2. U8glib 程序结构

建立 U8glib 对象后，要让 OLED 显示内容，还需要一个比较特殊的程序结构，称为图片循环。通常将该结构放在 loop( )循环中，代码如下：

```
void loop(void)
{                                  //U8glib 图片循环结构
u8g.firstPage( );                  //图像循环的开始
do
  {
    draw( );                       //实现图形化显示的语句
  }
while(u8g.nextPage( ));            //图像循环的结束
delay(1000);                       //延迟 1 s
}
```

以上程序中有一个 draw( )函数，其中应包含实现图形显示的语句。

3. U8glib 中绘制几何图形函数

该类库中常用的几何函数如下所示，括号内的数字为随机，实际应用时需要更改。

```
u8g.drawPixel(14,23);                              //画点
u8g.drawLine(7,10,40,55);                          //画线
u8g.drawHLine(60,12,30);                           //画水平线段
u8g.drawVLine(10,20,20);                           //画垂直线段
u8g.drawTriangle(14,9,45,32,9,42);                 //画实心三角形
u8g.drawFrame(10,12,30,20);                        //画空心矩形
u8g.drawRFrame(10,12,30,20,5);                     //画空心圆角矩形
u8g.drawBox(10,12,20,30);                          //画实心矩形
u8g.drawRBox(10,12,30,20,5);                       //画实心圆角矩形
u8g.drawCircle(20,20,14);                          //整空心圆
u8g.drawCircle(20,20,14,U8G_DRAW_UPPER_RIGHT);     //1/4 空心圆
u8g.drawDisc(20,20,14);                            //整实心圆
u8g.drawDisc(20,20,14,U8G_DRAW_UPPER_RIGHT);       //1/4 扇形
```

```
u8g.drawEllipse(20,20,14,17);                              //空心椭圆
u8g.drawFilledEllipse(20,20,14,17);                        //实心椭圆
```

［例：画线段的函数语法］：

voidU8GLIB::drawLine(u8g_uint_tx1,u8g_uint_ty1,u8g_uint_tx2,u8g_uint_ty2)，

该函数中参数：x1 为线段起始点横坐标；y1 为线段起始点纵坐标；x2 为线段结束点横坐标；y2 为线段结束点纵坐标。横坐标 X 取值范围：0～127；纵坐标 Y 取值范围：0～63。

4. 纯文本显示

使用 U8glib 实现文本显示的两个步骤：

(1)setFont(font)。

含义：在显示文字时，需要先使用 setFont()函数指定显示的字体，其中参数 font 即是要设定的字体。U8glib 支持多种不同大小的字体，程序中用的 u8g_font_unifont 便是其中字体之一。可在网络百度查询 U8glib 可显示的字体。

(2)drawStr(x,y,string)。

含义：输出需要显示的字符，其中参数 x,y 用于指定字符的显示位置，参数 string 为要显示的字符。

在 OLED 显示器上，左上角为坐标原点(0,0)，x,y 为字符左下角点的坐标，例如当在 draw()函数中使用如下语句时会获得如图 8 - 27 所示的显示效果。

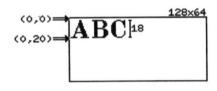

图 8 - 27　显示字符

```
u8g.setFont(u8g_font_osb18);
u8g.drawStr(0,20,"ABC");
```

5. 数据显示

drawStr()函数只能显示字符串,如果要显示数据到 OLED,U8glib 还提供了 print()函数。使用 U8glib 实现数据显示的步骤：

(1)setPrintPos(x,y)。

含义：设置数据的显示位置，参数 x,y 用于指定字符的显示位置。在 OLED 液晶显示器上，左上角为坐标原点(0,0),x,y 为字符左下角点的坐标。

(2)print(data)。

含义：用于输出任意类型的数据,可以打印字符、字符串、变量值等。

例如在 draw()函数中使用如下语句时会得到两行数据显示,第一行左起显示 telephone,第二行大概中间位置显示 123456。

```
u8g.setPrintPos(0,15);              //设置位置
u8g.print("telephone");            //打印内容
u8g.setPrintPos(45,60);             //设置位置
u8g.print(123456);                 //打印内容
```

6. 显示图片(汉字)——位图取模

显示一些简单的图形可以使用以上介绍的图形绘制函数,但如果要显示一个复杂的图形,则使用这些绘制函数就比较麻烦了,U8glib 库提供的位图显示功能正好可以解决这个问题。

使用 U8glib 实现位图/汉字显示的步骤,如图 8 - 28 所示。

图 8-28　位图/汉字显示的步骤

(1)该 OLED 屏不带字库,库函数 U8glib 也不含显示汉字的子函数,因此汉字的显示需要借助位图得以实现。

(2)在 Arduino 中并不能直接存储位图,因此需要使用取模软件将位图转化为 Arduino 可识别的数据来保存。

(3)在程序中新建一个供显示专用的数组 bitmap[],用于保存这些数据,数组的定义如下:
staticunsignedcharbitmap[]U8G_PROGMEM={//通过取模软件得到的 16 进制位图数据}。

(4)调用函数 drawXBMP(x,y,width,height,bitmap)。

含义:即以点(x,y)为左上角,绘制一个宽 width、高 height 的位图,参数 bitmap 即位图数组。

实验代码:

例 1:显示字符串,使用四线 SPI 连接方式,让 OLED 显示字符串"HelloWorld!"的内容,程序代码如下。

```
/ *
使用 u8glib 显示字符串
图形显示器:0.96 寸 12864OLED
控制器:ArduinoUNO
* /
//包含头文件,并新建 u8g 对象
# include"U8glib.h"                              //调用 u8glib 库
U8GLIB_SSD1306_128X64u8g(13,11,10,9);            //SWSPICom:SCK = 13,MOSI = 11,CS = 10,
AO = 9 //draw( )函数用于包含实现显示内容的语句
void draw(void)
{
u8g.setFont(u8g_font_unifont);                   //设置字体
u8g.drawStr(0,22,"HelloWorld!");                 //字符串内容及显示位置,字符左下角
                                                 坐标为(0,20)

}
void setup(void)
{
}
void loop(void)
{                                                //u8glib 图片循环结构
  u8g.firstPage( );
do
{
  draw( );
```

```
}
while(u8g.nextPage( ));
delay(500);                                    //等待一定时间后重绘
}
```

下载该程序后,则会看到如图 8-29 所示的显示效果。

图 8-29　OLED 字符串显示效果

例 2:显示位图,用四线 SPI 连接方式,让 OLED 显示位图中设定的内容,程序代码如下。

```
/ *
使用 u8glib 显示位图
图形显示器:0.96 寸 12864OLED
控制器:ArduinoUNO
* /
♯ include"U8glib.h"//调用 U8glib 库
U8GLIB_SSD1306_128X64u8g(13,11,10,9);//SPICom:SCL = 13,SDA = 11,CS = 10,DC =
                                 9,RES = RESET,创建一个 OLED 对象
static charname_logo_bits[ ]PROGMEM = {
0xf3,0x11,0x1c,0x1f,0x30,0xf3,0x01,0x08,0x8c,0x20,0xf3,0x01,0x00,0xc0,
0x39,0xf3,0x81,0xc7,0xc1,0x39,0xf3,0xc1,0xc7,0xc9,0x38,0xf3,0xc1,0xc3,0x19,
0x3c,0xe3,0x89,0x01,0x98,0x3f,0xc7,0x18,0x00,0x08,0x3e,0x0f,0x3c,0x70,0x1c,
0x30,0x00,0x00,0x00,
…………//从取模软件中,取出的程序代码,复制于此。为了节约篇幅,此处代码省略
0x03,0x00,0x00,0x0e,0x30,0xff,0xff,0x3f,0x1f,0x3c,0xff,0xff,0x3f,0xff,
0x3f,0x00,0xff,0xff,0x3f,0xff,0x3f,0xff,0xff,0xff,0x3f,0xff,0xff,0xff,
0xff,0x3f,0x03
```

```
};                  //该数组名称为 name_logo_bits,其中的 16 进制代码为取模软件生
                    成的字模
void draw( )
{
u8g.drawXBMP(0,0,128,64,name_logo_bits);
}                   //调用位图绘制函数 drawXBMP,其中位图的左上角坐标为(0,0),位图
                    的宽为 128,高为 64,位图的字模数组存于 name_logo_bits.
void setup( )
{
u8g.setRot180( );   //旋转屏幕 180°,也可不设置
}
void loop( )
{
u8g.firstPage( );
do
  {
   draw( );
  }
while(u8g.nextPage( ));
delay(500);              //延时一定时间,再重绘图片
}
```

下载以上程序后,OLED 可以显示出如图 8-30 所示的效果。借助于图片显示功能,可以将中文或其他字符进行取模,并输出到 12864OLED 上,方法与显示图片一致。

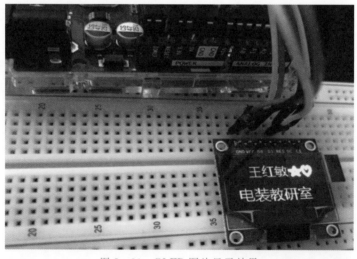

图 8-30 OLED 图片显示效果

除此之外,还可以在 12864OLED 上显示简单的动画。动画效果的实现其实就是不断刷新 OLED 显示的内容,可以通过改变图片或者图形的坐标位置实现简单的位移动画,也可以输出一系列连续的位图来组合成一段动画。

科学精神培养

同心同德　团结协作

　　无数事实表明,科学研究中的合作趋势正在迅速增强,合作研究正在成为科学研究的主要方式。我国的核技术、运载火箭、人工合成胰岛素、人造地球卫星发射回收、载人航天技术的试验成功,都是科技人员通力合作的硕果。

　　增强个人的集体观念、集体意识。集体意识是搞好团结协作的向心力、凝聚力,要相互尊重,处理好同行关系。要通力合作,同行相亲,处理好个人与集体的关系。

　　严于律己,宽以待人;主动协作,把困难留给自己,把方便让给他人,要以诚共事,有了错误敢于承认,勇于纠正,在科技活动中尊重前人、推崇前人。当别人超过自己时,不嫉妒、不冷落、热情支持,虚心学习。当自己有了成绩时,不骄傲自满,并感谢别人的帮助。在名利面前推崇别人,克己让人,扶植新秀,同行相荐,举荐有才华的青年人,支持不同学术观念的争论。

　　要处理好科技人员与科研辅助工作人员之间的关系,要尊重他们的人格,珍惜他们的劳动成果;要体谅他们的困难,支持他们的工作,关心帮助他们业务技术的提高。科技人员要主动与科研辅助人员等加强情感交流,增进工作友谊,以有利于科研工作的开展。只有科技人员之间、科技人员与科技辅助人员之间,同心同德、团结一致才能使科技活动得以顺利开展,并取得应有的成就。

本章习题

　　1.数码管循环显示 0~9,中间间隔时间 1 s 的实验,要求利用 for 循环语句及数组编写程序完成实验。要求给出相关元器件、电路图、程序代码。

　　2.使用两个电位器,模拟输入控制一个 8×8 的点阵输出。

　　3.在 OLED 显示屏上显示"只争朝夕不负韶华!"字样,要求给出相关元器件、电路图、程序代码。

　　4.请使用一个 RGB 灯,实现交替显示红色、绿色和蓝色。要求给出相关元器件、电路图、程序代码。

第 9 章　Arduino 与电机

电机的作用很大,那些会动的、会跑的电子产品都离不开电机的驱动,电机就如人的双腿,如果要让自己设计的东西动起来,学习电机的相关知识是十分重要的。

电机(Electric Machinery)又叫作电动机,是一种可以将电能转化为机械能的装置,其工作原理是磁场和电流的相互作用,使电动机转动。通电导线在磁场中受力运动的方向跟电流方向和磁感线(磁场方向)方向有关。电机工作的原理不做过多介绍,有兴趣的读者可以去查阅相关资料,电机根据结构、用途等可以分为很多种类,如:

- 按照电源分类可以分为直流和交流电机;
- 按照结构或者工作原理分可以分为直流电机、同步和异步电机;
- 按照用途分还可以分为驱动用电动机和控制用电动机。

不同的电机用途不同,在需要时不仅要看电机的功率、参数,更需要设计相应的驱动电路。

9.1　Arduino 与直流电机

本节包括直流电机的工作原理,电路连接以及实验示例,注意事项等。

9.1.1　原理

直流电机是典型的磁感效应进行工作的电机,其结构由定子和转子两大部分组成。是指能将直流电能转换成机械能或将机械能转换成直流电能的旋转电机。它是能实现直流电能和机械能互相转换的电机。当它作电动机运行时是直流电动机,将电能转换为机械能;作发电机运行时是直流发动机,将机械能转换为电能,如图 9-1 所示。直流电机通常只有两个引线,一个正极和一个负极。如果将这两根引线直接连接到电池,电机将旋转。如果切换引线,电机将以相反的方向旋转。

图 9-1　直流电机

直流电机一般不能直接接 Arduino 开发板,因为开发板中数字引脚的最大输出电流为 40 mA。而一个直流电机需要的电流要远大于 Arduino 的输出能力,如果使用 Arduino 开发板数字输入输出引脚来直接接电机,将会对开发板造成非常严重的损害。而 5 V 的输出电源连接到外部电源时可以输出高达 800 mA 的电流,这足够用来驱动一个小型的直流电机,但是由于电磁感应,直接连接直流电机容易损坏开发板。

因此需要一个电源额外给直流电机供电,这时需要用到三极管作为开关来控制电机。当电流加到基极时,集电极的电源被打开,此时电流流过集电极和发射极。当输入脉冲信号时,三极管每秒钟会进行多次开关,因此可以用集电极和发射极之间的脉冲电流来控制电机速度。同时,为了避免反向电压的危害,还需要用到二极管。二极管只允许单相电流的特性。在驱动电机时,经常会使用的电机驱动芯片 L293D,使用这个芯片可以同时控制两台电机并且可以控制电机的转向。如果要制作一个小车或者机器人时,掌握驱动电机的技巧是很重要的。

警告:不要直接从 Arduino 板引脚驱动电机。这可能会损坏电路板。使用驱动电路或 IC。

9.1.2 电路设计

1. 稳压器控制直流电机

直流电机在使用的过程中,一般不区分正负极,因为正负极的连接决定电流的方向,从而决定了直流电机的旋转方向。使用 220 Ω 的保护电阻和稳压器连接控制电机的电路图如图 9-2 所示。

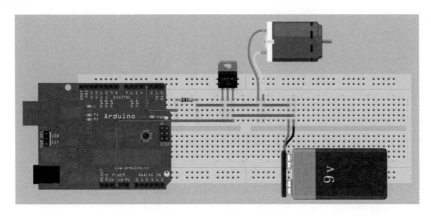

图 9-2 稳压器控制直流电机电路连接图

2. 电机驱动芯片 L293D

电机驱动芯片 L293D 包含两个 H 桥式驱动电路,可以用来驱动两个直流电机,如图 9-3所示。

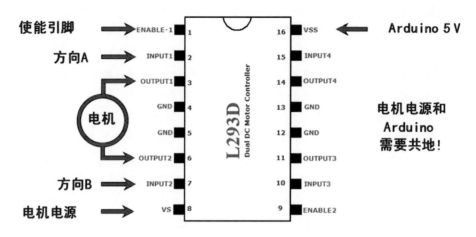

图 9-3　电机驱动芯片 L293D 引脚功能图

Ardunio 控制 L293D

(1)速度控制。

- 使用 Arduino 模拟输出引脚
- 将产生的 PWM 信号连接到 L293D 的使能引脚

(2)方向控制。

- 使用 Arduino 的数字输出引脚
- 将产生的数字信号连接到 L293D 的 A、B 两个方向引脚
- 正转:A 为高,B 为低
- 反转:A 为低,B 为高
- 制动:A、B 同时为高或者低

注:电机属于大电流设备,无法用 Arduino 引脚直接控制:区别于 LED。

　　电机电压高于 Arduino 的工作电压,注意隔离和接线:出错可能导致 Arduino 烧毁。

　　电机在不通电的情况下旋转将产生逆电流(逆电压):逆电流的方向与电机工作电流的方向相反;逆电流会造成电子设备的损坏。

9.1.3　程序示例

1.稳压器控制直流电机的转动程序

```
void setup( )
{
  pinMode(3,OUTPUT);          //初始化引脚
}
void loop( )
{
  digitalWrite(3,HIGH);       //直流电机向正方向旋转
  delay(2000);                //延时 2 s
```

```
  digitalWrite(3,LOW);          //直流电机向反方向旋转
  delay(2000);                  //延时 2 s
}                               //在这里填写的 loop 函数代码,它会不断重复运行。
```

2. 稳压器控制直流电机速度的程序

```
int motorPin = 3;
void setup( )
{
}
void loop( )
{
    for(int fadeValue = 0;fadeValue< = 255;fadeValue + = 50)//逐步增加电流值
    {
    analogWrite(motorPin,fadeValue);
    delay(2000);
    }
    for(int fadeValue = 255;fadeValue< = 0;fadeValue - = 50)//逐步减少电流值
    {
    analogWrite(motorPin,fadeValue);
    delay(2000);
    }           //循环使用直流电机向正反两方向旋转
}
```

3. 用 L239D 控制直流电机程序

```
int dir1PinA = 13;
int dir2PinA = 12;
int speedPinA = 10;
unsigned long time;
int speed;
int dir;
void setup( )
  {
    pinMode(dir1PinA,OUTPUT);
    pinMode(dir2PinA,OUTPUT);
    pinMode(speedPinA,OUTPUT);
    time = millis( );
    speed = 0;
    dir = 1;
  }
void loop( )
```

```
  {
  digitalWrite(speedPinA,speed);
  if(1 = = dir)
    {
    digitalWrite(dir1PinA,LOW);
    digitalWrite(dir2PinA,HIGH);
    }
  else
    {
    digitalWrite(dir1PinA,HIGH);
    digitalWrite(dir2PinA,LOW);
    }
  if(millis( ) - time>5000)
  {
    time = millis( );
    speed + = 20;
    if(speed>255)
    {
    speed = 0;
    }
    if(1 = = dir)
    {dir = 0;}
    else{dir = 1;}
  }
}
```

9.2 Arduino 与步进电机

9.2.1 原理

步进电机是一种将电脉冲转化为角位移的执行机构。当步进驱动器接收到一个脉冲信号,步进电机就按设定的方向转动一个固定的角度(及步进角),使用步进电机可以通过控制脉冲个数来控制角位移量,从而达到准确定位的目的。也可以通过控制脉冲频率来控制电机转动的速度和加速度,从而达到调速的目的。使用步进电机前一定要仔细查看说明书,确认是四相还是两相,如何连接线路。步进电机的用处很广泛,在包装机械和电子钟里经常可以看到步进电机。那么,Arduino 与步进电机的组合可以用来做什么呢,当设计一个机械手臂时,步进电机就派上用场了,使用 Arduino 可以控制步进电机的方向、角度和速度。这也就是机械手能够灵活做出相应动作的原因,有兴趣的读者可以查阅相关资料,做一做用 Arduino 驱动步进电机的实验。

如图 9 - 4 所示是实验中常用的双极性步进电机,每个线圈都可以两个方向通电;四根引线,每个线圈两条;步距通常是 1.8°,转一圈需要 200 步。在使用之前通常需要用数字万用表确定线圈分组,两根引线之间能够测量到阻值的就是一组。通常从蓝色线开始按蓝、粉、黄、橙、红编号,1、3 为一组,2、4 为一组,5 号是共用的 VCC。

图 9 - 4　步进电机

对于步进电机的转速控制,一般采用脉宽调制(PWM)办法,控制电机的时候,电源并非连续向直流电机供电,而是在一个特定的频率下以方波脉冲的形式提供电能。不同占空比的方波信号能对直流电机起到调速作用,同时脉冲的多少可以控制旋转的角度,这是因为直流电机实际上是一个比较大的电感,它有阻碍输入电流和电压突变的能力,因此,脉冲输入信号被平均分配到作用时间上,这样,改变在使能端上输入方波的占空比就能改变加在直流电机转速。

9.2.2　电路设计

控制步进电机,如果是大功率的步进电机,需要对应的驱动板。该实验使用 ULN2003 芯片进行驱动(见图 9 - 5)。ULN2003 是高耐压、大电流复合晶体管阵列,由七个硅 NPN 复合晶体管组成,可以用来驱动步进电机。

实物连接如图 9 - 6 所示。

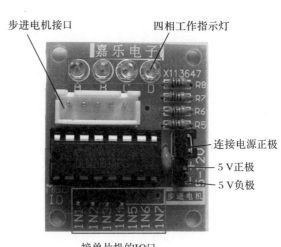

图 9 - 5　ULN2003 芯片

图 9 - 6　步进电机实物连接图

9.2.3　程序示例

在实验程序中,由于要用到 Arduino 步进电机的控制程序,需要在程序前面包含 stepper.h文件,才能完成对步进电机的控制。

下面的代码是控制步进电机随着电位器旋转。

```
/ * * 进电机跟随电位器旋转 * (或者其他传感器)使用 0 号模拟口输入,使用 arduino
IDE 自带的 stepper.h 库文件 * * /
#include <Stepper.h>              // 这里设置步进电机旋转一圈是多少步
#define STEPS 100                 //设置步进电机的步数和引脚
Stepper stepper(STEPS,8,9,10,11); // 定义变量用来存储历史读数
int previous = 0;
void setup( )
{
  stepper.setSpeed(90);           // 设置电机每分钟的转速为 90 步
}
void loop( )
{
  int val = analogRead(0);        // 获取传感器读数
  stepper.step(val - previous);   // 移动步数为当前读数减去历史
  previous = val;                 // 保存历史读数
}
```

9.3　Arduino 与舵机

舵机实际上是一种位置伺服的驱动器，主要是由外壳、电路板、无核心马达、齿轮与位置检测器构成。其工作原理是由接收机或者单片机发出信号给舵机，其内部有一个基准电路，产生周期为 20 ms、宽度为 1.5 ms 的基准信号，将获得的直流偏置电压与电位器的电压比较，获得电压差输出，经由电路板上的 1C 判断转动方向，再驱动无核心马达开始转动，透过减速齿轮将动力传至摆臂，同时由位置检测器送回信号，判断是否已经到达定位。一般旋转的角度范围是 0°～180°，舵机一般外接三根线，分别用棕、红、三种颜色进行区分，但是由于舵机品牌不同，颜色也可能会有所差异，一般棕色为接地线（GND），红色为电源正极线（VCC），橙色为信号线（PWM）。

舵机的转动角度是通过调节 PWM（脉冲宽度调制）信号的占空比来实现的，用 Arduino 控制舵机的方法有两种：

一种是通过 Arduino 的普通数字传感器接口产生占空比不同的方波，模拟产生 PWM 信号进行舵机定位。

另一种是直接利用 Arduino 自带的 Servo 函数进行舵机的控制，这种控制方法的优点在于方便编写程序进行控制，缺点是只能控制两路舵机，因为 Arduino 自带函数只能利用数字 9、10 接口。

9.3.1　原理

舵机又称伺服马达，是一种具有闭环控制系统的机电结构，是一种位置伺服的驱动器，主要是由外壳、电路板、无核心马达、齿轮与位置检测器所构成，如图 9-7 所示。

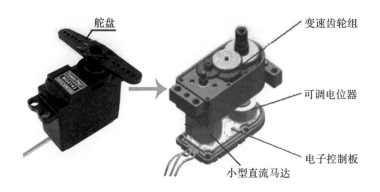

图 9-7　舵机结构示意图

舵机是一种位置（角度）伺服的驱动器，适用于那些需要角度不断变化并可以保持的控制系统。目前在高档遥控玩具，如航模、潜艇模型、遥控机器人中已经使用得比较普遍。在机器人机电控制系统中，舵机控制效果是重要影响因素。它可以在微机电系统和航模中作为基本的输出执行机构，其简单的控制和输出使得单片机系统非常容易与之接口。

舵机是一种俗称，其实是一种伺服马达。实质就是一个搭配了反馈装置和控制电路的普通电机。它可以非常精确地控制角度、转速和加速度。其高精度的输出主要归功于内部的反馈电路,伺服电机就可以根据反馈电路的信息调整输出。

伺服电机的主要规格是扭矩与反应转速扭矩的单位是 N/m,在伺服电机规格中一般使用 kg/cm,即通常所说的有多大劲。

反应转速的单位是 sec/60°,即输出轴转过 60°需要花费的时间。通常情况下,反应转速越高的伺服电机精度越低,所以需要根据具体应用在两者之间做取舍。

如图 9-8 所示为常见的 TOWERPROSG90 伺服电动机,它的扭矩为 1.8 kg/cm,反应速度为 0.10 sec/60°,最大转动角度为 180°(伺服电机通常不可以连续旋转)。

图 9-8 伺服电动机

伺服电机一般是通过 PWM 信号控制的,根据占空比的不同来改变伺服电机的位置。最常见的伺服电机一般使用周期为 20 ms(即频率为 50 Hz)的 PWM 信号。在周期为 20 ms 的 PWM 信号中,高电平的时间通常(但不是绝对)在 1~2 ms,对应于伺服电机角度的 0°~180°(或者-90°~90°)。通常规定,当脉冲宽度为 1.5 ms 时,伺服电机输出轴应该在中间位置即 90°。如表 9-1 所示为一个典型伺服电机接收的 PWM 信号高电平持续时间与伺服电机转动角度的关系。

表 9-1 典型伺服电机 PWM 信号高电平持续时间与伺服电机转动角度的关系

PWM 信号高电平持续时间/ms	伺服电机转动角度
0.5	0°或-90°
1.0	45°或-4°
1.5	90°或 0°
2.0	135°或 45°
2.5	180°或 90°

表 9-1 中只列出了几个特殊的角度,其对应的 PWM 信号与角度的关系如图 9-9 所示。这并不意味着伺服电机只可以转动到这个角度。伺服电机可以转动到 0°~180°的任意角度,其对应关系也很容易计算:

$$(2.5-0.5)\text{ms}/(180-0)°≈0.01\text{ ms}/°$$

即大约高电平持续时间每增加 0.01 ms(范围在 0.5~2.5 ms)则伺服电机的转动角度增加 1°(范围在 0°~180°)。那么,伺服电机转动 30°的位置对应的 PWM 信号高电平持续时间则为 0.8 ms:0.5 ms+30°×0.01ms/°=0.8 ms

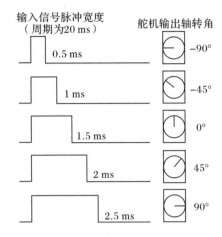

图 9-9 PWM 信号与伺服电机角度对应关系

9.3.2 电路设计

舵机只有 3 条线:电源、接地和信号。电源线一般为红色,需接到 Arduino 的 5 V 端口;接地线一般为黑色或者棕色,需接到 Arduino 的 GND 端口;信号线一般为黄色、橙色或者白色,需要接到 Arduino 的数字端口,如图 9-10 所示。

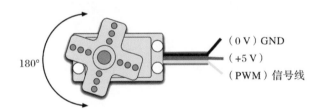

图 9-10 舵机的线

综上所述,其实伺服电机与 Arduino 连接只有一条特殊的信号线,一种典型的连接方式如图 9-11 所示。

在这里,伺服电机的信号线连接在 Arduino 的 9 号端口。

9.3.3 程序示例

舵机库函数介绍。

调用 Servo 库,创建一个舵机的对象来控制舵机,该库有以下几个函数:

(1)attach(pin)、attach(pin,min,max);

(2)write(value);

(3)writeMicroseconds(us);

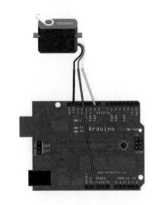

图 9-11 Arduino 与伺服电机连接图

(4)detach(pin);

(5)read(pin);

(6)readMicroseconds(pin)。

attach(pin);该函数用于为舵机指定一个引脚。

例如：

Servo myservo1,myservo2;

myservo1.attch(1);

myservo2.attch(2);

attach(pin,min,max);

该函数在指定引脚的同时，还可以指定最小角度的脉宽值，单位 μs，默认最小值为 544，对应最小角度为 0°；默认最大值为 2400，对应最大角度为 180°。

例如：myservo1.attch(1,1000,2000);该语句限制在较小的转动范围。

write(value);该函数可以直接填写需要的角度。

例如：myservo1.write(90);该函数精度较低，只能达到 1°。

writeMicroseconds(μs);该函数精度较高，直接填写脉冲值，单位是 μs。

例如：myservo1.writeMicroseconds(1500);舵机指向 90°。该函数的角度精度为 0.097°。

detch(pin);该函数用于释放舵机引脚，可以作为其他用途。

例程 1：用 write( )函数，控制从 0 到 180°来回扫描，每次延时 20 ms，7.2 s 完成来回扫描一次。

舵机例程 1

```
#include <Servo.h>                    //调用舵机函数库
Servo myservo;
int i;
void setup( )
{
myservo.attach(5);                    //定义数字第 5 脚为舵机控制引脚
}
void loop( )
{
   for(i=0;i<=180;i++)
    {
      myservo.write(i);               //写入舵机角度
      delay(20);
    }
   for(i=180;i>=0;i--)
    {
      myservo.write(i);               //写入舵机角度
       delay(20);
```

```
            }
        }
```

例程 2：用 writeMicroseconds( )函数，控制从 544 脉冲扫描到 2400 脉冲，每次延时
20 ms，2 min 内完成扫描一次。

舵机例程 2

```
♯ include ＜Servo.h＞                    //调用舵机函数库
Servo myservo;
int i;
void setup( )
{
    myservo.attach(5);                  //定义数字第 5 脚为舵机控制引脚
}
void loop( )
{
  for( i = 544; i＜ = 2400; i + + )
    {
      myservo.write(i);                 //写入舵机脉冲值
      delay(20);
    }
  for( i = 2400; i＞ = 544; i - - )
    {
      myservo.write(i);                 //写入舵机脉冲值
      delay(20);
    }
}
```

通过 Arduino 的普通数字传感器接口产生占空比不同的方波，模拟产生 PWM 信号进
行舵机定位的应用程序如下：

实验现象：让舵机转动到用户输入数字所对应的角度数的位置，并将角度打印显示到屏
幕上。

例程 3：

```
intservopin = 9;                        //定义数字接口 9 连接伺服舵机信号线
intmyangle;                             //定义角度变量
intpulsewidth;                          //定义脉宽变量
intval;
voidservopulse(intservopin,intmyangle)  //定义一个脉冲函数
{
pulsewidth = (myangle * 11) + 500;      //将角度转化为 500～2480 的脉宽值
digitalWrite(servopin,HIGH);            //将舵机接口电平至高
delayMicroseconds(pulsewidth);          //延时脉宽值的微秒数
```

```
digitalWrite(servopin,LOW);                  //将舵机接口电平至低
delay(20-pulsewidth/1000);
}
void setup( )
{
pinMode(servopin,OUTPUT);                    //设定舵机接口为输出接口
Serial.begin(9600);                          //连接到串行端口,波特率为9600
Serial.println("servo = o_seral_simpleready");
}
void loop( )                                  //将0到9的数转化为0到180角度,并
                                             //让LED闪烁相应数的次数。

  val = Serial.read( );                       //读取串行端口的值。
if(val>´0´&&val< = ´9´)
{
val = val－´0´;                              //将特征量转化为数值变量。
val = val * (180/9);                         //将数字转化为角度。
Serial.print("movingservoto");
Serial.print(val,DEC);
Serial.println( );
for(inti = 0;i< = 50;i + +)                  //给予舵机足够的时间让它转到指定
                                             //角度。
{
servopulse(servopin,val);                    //引用脉冲函数。
}
}
}
```

例程4:

直接利用 Arduino 自带的 Servo 函数进行舵机控制的应用。

先具体分析 Arduino 自带的 Servo 函数及其语句。

(1)attach(接口)——设定舵机的接口,只有数字9或10接口可利用。

(2)write(角度)——用于设定舵机旋转角度的语句,可设定的角度范围是 0°～180°。

(3)read( )——用于读取舵机角度的语句,可理解为读取最后一条 write( )命令中的值。

(4)attached( )——判断舵机参数是否已发送到舵机所在接口。

(5)detach( )——使舵机与其接口分离,该接口(数字9或10接口)可继续被用作 PWM 接口。

注意:以上语句的书写格式均为"舵机变量名.具体语句( )",例如:myservo.attach(9)。仍然将舵机接在数字9接口上即可。

参考源程序：

```
Servomyservo;                    //定义舵机变量名
void setup( )
{
myservo.attach(9);               //定义舵机接口
}
void loop( )
{
myservo.write(90);               //设置舵机旋转的角度
}
```

注意事项：♯include ＜Servo. h＞，定义头文件，这里有一点要注意，可以直接在 Arduino软件菜单栏单击 Sketch→Importlibrary→Servo，调用 Servo 函数，也可以直接输入 ♯include ＜Servo. h＞，但是在输入时要注意在♯include 与＜Servo. h＞之间要有空格，否则编译时会报错。以上就是控制舵机的两种方法，各有优缺点，大家根据自己的喜好和需要进行选择。

科学精神培养

谦虚谨慎

　　科学活动中的成果、成就的取得，常常和科研集体中人与人的关系是否相互尊重、相互谦让、相互学习、相互帮助有着密切的关系，谦虚谨慎，是尊重他人的思想基础；尊重他人是谦虚谨慎的表现。谦虚谨慎、尊重他人是做人的美德，是科技人员在处理人际关系中必须遵循的道德准则。

　　谦虚谨慎要和骄傲自满做斗争。骄傲自满是学习知识的大敌，是影响人际关系的祸根。即使已经取得很大的成绩和进步，都不可有半点骄傲自满的情绪。要牢记"虚心使人进步，骄傲使人落后"的至理名言。

　　谦虚谨慎是科技人员搞好团结协作的思想基础，在人际交往中，得到他人尊重，得到他人良好评价和赞许。从而产生被承认和被接纳的满足感，是人们常见的心理现象。

本章习题

1. 简单谈谈舵机的内部结构。
2. 直流电机使用过程中，需要注意哪些问题？
3. 完成舵机从 0°转 90°再回到 0°位置，再反转 90°，回到 0°位置的程序编写。要求给出相关元器件，电路图、程序代码。

第 10 章　Arduino 与常用传感器

本章主要是对各类传感器的介绍,详细讲解了传感器的定义及组成以及传感器的分类。介绍了 Arduino 常用传感器的实验。本章具体的实验如下:

- 气体传感器,以 MQ-2 气体传感器为例的实验;
- LM35 温度传感器实验;
- 红外线传感器实验;
- 超声波传感器实验。

10.1　传感器基础知识

10.1.1　传感器的定义及组成

传感器的国家标准定义为能感受(或响应)规定的被测量,并按照一定规律将其转换成可用信号输出的器件或装置。这里的可用信号是指便于处理、传输的信号,目前电信号是最易于处理和传输的。

传感器的通常定义为"能把外界非电信息转换成电信号输出的器件或装置"或"能把非电量转换成电量的器件或装置"。

传感器由敏感元件、转换元件和测量电路三部分组成,如图 10-1 所示。

图 10-1　传感器组成框图

如果所要测量的非电量正好是某转换元件能转换的,而该转换元件转换出来的电量又正好能为后面的显示记录电路所利用,那么该传感器的结构将会很简单。然而,很多情况下,所要测量的非电量并不是所持有的转换元件所能转换的那种非电量,这就需要在转换元件前面增加一个能把被测非电量转换为该转换元件能够接受和转换的非电量的装置或器件。这种能把被测非电量转换为可用非电量的器件或装置称为敏感元件。例如,用电阻应变片测力时就要将应变片粘贴到受力的弹性元件上,如图 10-2 所示,弹性元件将压力转换为应变,应变片再将应变转化为电阻变化,这里的应变片便是转换元件,而弹性元件便是敏感元件。敏感元件与转换元件虽然都是对被测非电量进行转换,但敏感元件是把被测非电量转换为可用非电量,而转换元件是把非电量转换成电量。

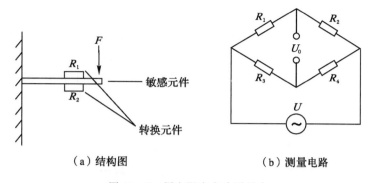

（a）结构图　　　　　　　　（b）测量电路

图 10-2　用电阻应变片测量力

在很多情况下，转换元件所转换得到的电量并不是后面的显示记录电路所能直接利用的。例如，电阻式应变传感器把应变转换为电阻变化，电阻虽然属于电量，但不能被电压显示仪表所接受。这就需要用某种电路来对转换元件转换出来的电量进行变换和处理，使之成为便于显示、记录、传输或处理的可用电信号（电压、电流或频率等）。接在转换元件后面的具有这种功能的电路，称为测量电路或传感器接口电路。例如，电阻应变片接入电桥，将电阻变化转换为电压变化，这里的电桥便是电阻传感器常用的测量电路。

在某些国家和某些学科领域，也将传感器称为变换器、检测器或探测器。检测变换器将被控参数如温度、压力、流量、液位、pH 值以及成分量、状态量等检测出来，并变换成相应的统一标准信号，供系统显示、记录或进行下一步的调整控制。能输出标准信号的传感器就称为变送器。也就是说，变送器是传感器配接能输出标准信号的接口电路后构成的将非电量转换为标准信号的器件或装置。国际电工委员会将 10～20 mA 直流电流信号和 1～5 V 直流电压信号确定为过程控制系统电模拟信号的统一标准，所以变送器通常就是指将非电量转换为 10～20 mA 直流电流信号的器件或装置。

10.1.2　传感器的分类

传感器的种类很多，由于工作原理、测量方法和被测对象的不同，分类方法也不同，常用的分类方法如下：

1. 按基本效应分类

传感器一般都是根据物理学、化学、生物学的效应和规律设计而成的，因此大体上可分为物理型、化学型和生物型三大类。其中，化学型传感器是利用电化学反应原理，把无机和有机化学物质的成分、浓度等转换为电信号的传感器；生物型传感器是利用生物活性物质选择性识别来测定生物和化学物质的传感器。这两类传感器广泛应用于化学工业、环保监测和医学诊断领域，本书只着重介绍应用于工业测控技术领域的物理型传感器。

2. 按构成原理分类

按照构成原理分类，物理型传感器又可分为物性型传感器和结构型传感器。物性型传感器是利用其物理特性变化实现信号转换，例如，水银温度计是利用水银的热胀冷缩现象把温度的变化转换成水银柱的高低，实现温度的测量；结构型传感器是利用其结构参数变化实现信号转换，例如，变极距型电容式传感器是利用极板间距离的变化来实现测量的。

3. 按能量转换原理分类

传感器根据能量转换原理可分为有源传感器和无源传感器。有源传感器将非电量转换为电能量(如电动势、电荷式等),也称为能量转换型传感器,通常配有电压测量和放大电路,如光电式传感器、热电式传感器均属于此类传感器;无源传感器不起能量转换作用,只是将被测非电量转换为电参数的量,也称为能量控制型传感器,如电阻式、电感式及电容式传感器等。

4. 按输出信号的性质分类

传感器根据输出信号的性质可分为模拟式传感器和数字式传感器,即模拟式传感器输出连续变化的模拟信号,数字式传感器输出数字信号。

5. 按输入物理量分类

根据输入物理量划分,传感器可分为位移传感器、压力传感器、速度传感器、温度传感器及流量传感器等。

6. 按工作原理分类

根据工作原理划分,传感器可分为电阻式、电感式、电容式及光电式等。

7. 按测量方式分类

按测量方式分类,传感器可分为接触式传感器和非接触式传感器。接触式传感器与被测物体接触,如电阻应变式传感器和压电式传感器;非接触式传感器不与被测物体接触,如光电式传感器、红外线传感器、涡流传感器和超声波传感器等。

在包含有传感器的 Arduino 设计中特别要注意以下几点:

(1)传感器只能起到采集数据,转换信息类型的作用,不能作为执行设备。也就是说传感器只负责向 Arduino 传送数据,而不能接收 Arduino 发给它的任何命令。

(2)通常一个传感器有两个以上的引脚,一定要事先弄清楚传感器的连接方法,分清楚哪个引脚链接正极,哪个引脚链接负极,哪个引脚是信号数输出。

(3)在 Arduino 与传感器进行连接时,数字式传感器就接到 Arduino 的数字口,模拟式传感器就接到 Arduino 的模拟口。有时也可以将数字传感器连接到 Arduino 的模拟口,但是不建议采用这样连接。常见的数字传感器有:磁感应传感器、触摸开关、震动传感器、倾角传感器、按钮模块等;常见的模拟传感器有:线性温度传感器、环境光线传感器、GP2D12 红外测距传感器等。在使用传感器时,一定要先判断该传感器是数字传感器还是模拟传感器,在使用前可以阅读传感器的使用说明。

10.2 气体传感器

10.2.1 气体传感器原理

为了确保安全,需对各种可燃性气体、有毒性气体进行检测。目前使用的气体检测方法有很多,主要包括半导体气敏传感器、接触燃烧式气体传感器和电化学气体传感器等,最常见的是半导体气敏传感器。

1. 半导体气敏传感器

半导体气敏传感器是利用半导体材料与气体相接触时电阻和功函数发生变化的效应来检测气体成分或浓度的传感器,如图 10-3 所示。

图 10-3　半导体气敏传感器

按照半导体与气体的相互作用主要仅局限于半导体表面或涉及半导体内部,半导体气敏传感器可分为表面控制型和体控制型。表面控制型半导体气敏传感器,其半导体表面吸附的气体与半导体间发生电子转移,使半导体的电导率等物理性质发生变化,但内部化学组成不变;体控制型半导体气敏传感器,半导体与气体反应,使半导体内部组成发生变化,导致电导率变化。按照半导体变化的物理特性,又可分为电阻式和非电阻式。电阻式半导体气敏传感器是利用其电阻值的改变来反映被测气体的浓度;非电阻式气敏传感器则利用半导体的功函数对气体进行直接或间接检测。

(1)电阻式半导体气敏传感器。电阻式半导体气敏传感器是利用气敏半导体材料,如二氧化锡(SnO_2)、二氧化锰(MnO_2)等金属氧化物制成敏感元件,当它们吸收了可燃性气体,如氢气、一氧化碳、烷、醚以及天然气等时,会发生还原反应,放出热量,使元件温度相应增高,电阻发生变化。利用半导体材料的这种性质,将气体的成分和体积分数转换成电信号,进行检测和报警。

电阻式半导体气敏传感器具有结构简单、灵敏度高、响应速度快,信号处理时无须专门的放大电路来放大信号等优点,常用于检测可燃性气体。对于吸附能力很强的传感器,也可用于非可燃性气体的检测。

①表面控制型。目前常见的气敏元件都属于这种类型,气敏元件材料多采用还原性较差的金属氧化物,其中有代表性的是氧化锡和氧化锌。

②体控制型。体控型气敏传感器是通过半导体内晶格发生变化而引起电阻发生变化的气敏传感器。对于易还原的氧化物半导体来说,在较低的温度下,半导体的晶格缺陷随易燃性气体而变化;对于难还原的氧化物半导体来说,在较高温度下,晶格缺陷浓度也会发生变化,最终导致电导率发生变化。

电阻式半导体气敏元件的材料多采用氧化锡和氧化锌等较难还原的氧化物。一般在气敏元件材料内也会掺入少量的铂等贵重金属作为催化剂,以便提高检测的选择性。常用的电阻式半导体气敏元件有三种结构类型:烧结型、薄膜型和厚膜型。

①烧结型。烧结型气敏元件的制作是将敏感材料（SnO_2、InO_2等）及掺杂剂（Pt、Pb）按照一定的配比用水或黏合剂调和，经研磨后均匀混合，再用传统制陶的方法进行烧结。烧结时埋入测量电极和加热丝，再将电极和加热丝引线焊在管座上，最后加上特制不锈钢网外壳制成元件。这种元件一般分为内热式和旁热式两种结构，多用于检测还原性气体、可燃性气体和液化蒸气。

内热式气敏元件管心体积较小，加热丝直接埋在金属氧化物半导体材料内，兼作一个测量电极，如图 10-4 所示，该类型元件的优点是制作工艺简单、成本低、功耗小，可在高回路电压下使用，可制成价格低廉的可燃气体泄漏报警器。其缺点是热容量小，易受环境气流的影响；测量电路和加热电路之间无电气隔离，相互影响；加热丝在加热和不加热状态下会产生胀缩，容易造成与材料的接触不良。

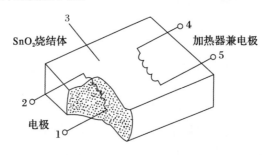

图 10-4 内热式气敏元件结构

旁热式气敏元件在陶瓷绝缘管中放置高阻加热丝，在陶瓷管外涂梳状金电极，再在金电极外涂气敏半导体材料，如图 10-5 所示。这种结构形式克服了内热式的缺点，测量极与加热丝分开，加热丝不与气敏元件接触，避免了回路间的互相影响；元件热容量大，降低了环境气流对元件加热温度的影响，并保持了材料结构的稳定性。故这种结构元件稳定性、可靠性都较内热式有所改进。

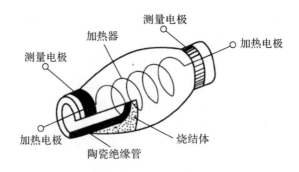

图 10-5 旁热式气敏元件结构

烧结型二氧化锡（SnO_2）气敏元件有下列优点：

- 气敏元件阻值随检测气体浓度具有指数变化关系，因此这种元件非常适用于微量低浓度气体的检测。
- SnO_2材料的物理、化学稳定性较好，与其他类型气敏元件（如接触燃烧式气敏元件）相比，SnO_2气敏元件寿命长、稳定性好、耐腐蚀性强。

- SnO_2气敏元件对气体检测是可逆的,而且吸附、脱附时间短。
- 元件结构简单,成本低,可靠性高,力学性能良好。
- 对气体检测不需要复杂的处理设备。待检测气体可通过元件电阻变化直接转变为电信号,且元件电阻率变化大,因此信号处理可不用高倍数放大电路就可实现。

②薄膜型。薄膜型是采用蒸发或溅射方法,在石英基片上形成氧化物薄膜(厚度在0.1 pm以下),这种方法也很简单,但元件性能差异较大。

③厚膜型。厚膜型是采用丝网印刷的方法,在绝缘衬底上,印刷一层氧化物浆料形成厚膜(膜厚为 μm 级),它的工艺性和元件强度均好,特性也相当一致,可降低成本和提高批量生产能力。

以上三类气敏元件都附有加热器,以便烧掉附着在探测部位处的油雾和尘埃,同时加速气体的吸附,从而提高元件的灵敏度和响应速度,一般将元件加热到 $200 \sim 400\ ℃$。

(2)非电阻式半导体气敏传感器。

①FET 型气敏传感器。MOSFET 场效应晶体管可通过栅极外加电场来控制漏极电流,这就是场效应晶体管的控制作用。FET 型气敏传感器就是利用环境气体对这种控制作用的影响而制成的气敏传感器。有一种将 SiO_2 层做得比通常更薄(10 nm)的 MOSFET,并在栅极上加上一层很薄(10 nm)的钯(Pd)后,可以用来检测空气中的氢气。如果 U_T 是对应漏极电流 I_D 最小的源漏间的电压,那么 U_T 将随氢的压力而变化。为了提高响应速度,这种气敏传感器必须工作在 $120 \sim 125\ ℃$ 温度下。

②二极管式气敏传感器。这是一种利用金属/半导体二极管的整流特性随周围气体而变化的效应制成的气敏传感器。例如,在涂有铟(In)的硫化镉(CdS)上蒸镀层很薄的钯(Pd)制成 Pd/CdS 二极管,这种二极管在正向偏置下的电流将随氢气的浓度增大而增大。因此,可根据定偏置电压下的电流来检测氢气的浓度。

2. 半导体气敏元件的特性参数

(1)气敏元件的电阻值。将电阻型气敏元件在常温下洁净空气中的电阻值,称为气敏元件(电阻式)的固有电阻值,表示为 R_a。一般其固有电阻值为 $10^3 \sim 10^5\ \Omega$。测定固有电阻值 R_a 时,要求必须在洁净空气环境中进行。由于地理环境的差异,各地区空气中含有的气体成分差别较大,即使对于同一气敏元件,在温度相同的条件下,在不同地区进行测定,其固有电阻值也都将出现差别。因此,必须在洁净的空气环境中进行测量。

(2)初期稳定时间。长期在非工作状态下存放的气敏元件,再通电时,不能马上正常工作,其阻值会先有一个急剧变化,经过一段时间,气敏元件恢复到初始电阻值并稳定下来,一般将通电开始到元件阻值达到稳定的时间,称为气敏元件的初期稳定时间。

(3)气敏元件的灵敏度。气敏元件的灵敏度是表征气敏元件对被测气体的敏感程度的指标。它表示气敏元件的电参量与被测气体浓度之间的关系。表示在工作温度下,气敏元件对被测气体的响应速度。

(4)气敏元件的响应时间。一般从气敏元件与一定浓度的被测气体接触时开始计时,直到气敏元件的阻值达到在此浓度下的稳定电阻值的 63% 时为止,所需时间称为气敏元件在此浓度下的被测气体中的响应时间,通常用符号 t_r 表示。

3. 其他气体传感器

(1)接触燃烧式气体传感器。可燃性气体(H_2、CO、CH_4等)与空气中的氧接触,发生氧化反应,产生反应热(无焰接触燃烧热),使得作为敏感材料的铂丝温度升高,电阻值相应增大。一般情况下,空气中可燃性气体的浓度都不太高(低于10%),可燃性气体可以完全燃烧,其发热量与可燃性气体的浓度有关。空气中可燃性气体浓度越大,氧化反应(燃烧)产生的反应热量(燃烧热)越多,铂丝的温度变化(增高)越大,其电阻值增加的就越多。因此,只要测定作为敏感元件的铂丝的电阻变化值(ΔR),就可检测空气中可燃性气体的浓度。但使用单纯的铂丝线圈作为检测元件,其寿命较短,所以实际应用的检测元件都是在铂丝线圈外面涂覆一层氧化物触媒,如图10-6(a)所示。这样既可以延长其使用寿命,又可以提高检测元件的响应特性。图10-6(b)中 R_1、R_2 为气体传感器。

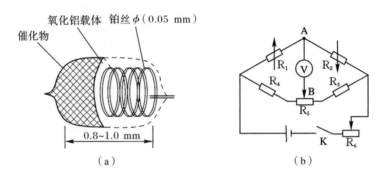

图 10-6 接触燃烧式气体传感器结构和测量电路

(2)固体电解质气体传感器。这种传感器元件为离子对固体电解质隔膜传导,称为电化学池,分为阳离子传导和阴离子传导,是选择性强的传感器,如氧化锆固体电解质传感器。

二氧化锆氧气传感器,以被测气体作为浓差电池的一方,已知浓度的参考气体作为另一方,测定固体浓差电池的电动势,即可判定被测气体的浓度。

(3)电化学气体传感器。电化学气体传感器利用气体在电极上的电化学反应(包括氧化和还原),检测电极上的电压或者电流来感知气体的种类和浓度。

(4)光学气体传感器。

①直接吸收式气体传感器。红外线气体传感器是典型的吸收式光学气体传感器,是根据气体分别具有各自固有的光谱吸收谱检测气体成分,非分散红外吸收光谱对 SO_2、CO、CO_2、NO 等气体具有较高的灵敏度。另外紫外吸收、非分散紫外线吸收、相关分光、二次导数、自调制光吸收法对 NO、NO_2、SO_2、烃类(CH_4)等气体具有较高的灵敏度。

②光反应气体传感器。光反应气体传感器是利用气体反应产生色变引起光强度吸收等光学特性改变的特性,其传感元件是理想的,但是气体光感变化受到限制,传感器的自由度小。

③气体光学特性的新传感器。光导纤维温度传感器为这种类型,在光纤顶端涂覆触媒与气体反应、发热。温度改变,导致光纤温度改变。利用光纤测温已达到实用化程度,检测气体也是成功的。

4. 常见气体传感器

常见气体传感器见表 10-1。

表 10-1　常见气体传感器

型号	探测气体	探测范围
MQ-2	可燃气体、烟雾	300～10000 ppm
MQ-4	天然气、甲烷	300～10000 ppm
MQ-5	液化气、煤气、甲烷	300～5000 ppm
MQ-6	液化气、异丁烷、丙烷	100～10000 ppm
MQ-7	一氧化碳	10～1000 ppm
MQ-8	氢气、煤气	50～10000 ppm
MQ-9	一氧化碳	10～1000 ppm
MQ-9	可燃气体	100～10000 ppm
MQ306A	液化气、甲烷、煤气	300～5000 ppm
MQ214	甲烷	300～5000 ppm
MQ216	液化气、甲烷、煤气	100～10000 ppm
MQ307A	一氧化碳	10～500 ppm
MQ217	一氧化碳	10～1000 ppm
MQ309A	一氧化碳	10～500 ppm
MQ309A	可燃气体	300～5000 ppm
MQ309A	臭氧	0.01～2 ppm
MQ309A	氨气	10～300 ppm
MQ309A	苯	10～1000 ppm
MQ309A	酒精	10～600 ppm
MQ309A	烟雾	1%～10%/m^3
MQ136	硫化氢	1～200 ppm
MQ137	氨气	10～300 ppm
MQ138	醇类、苯类、醛类、酮类、酯类等有机挥发物	5～5000 ppm
MQ138	酒精	10～1000 ppm
MQ303A	酒精	20～1000 ppm

10.2.2 MQ-2 气体传感器原理

MQ-2 型气体传感器属于二氧化锡半导体气敏材料,属于表面离子式 N 型半导体。处于 200~300 ℃时,二氧化锡吸附空气中的氧,形成氧的负离子吸附,使半导体中的电子密度减少,从而使其电阻值增加。当与烟雾接触时,如果晶粒间界处的势垒受到烟雾的调制而变化,就会引起表面导电率的变化。利用这一点就可以获得这种烟雾存在的信息,烟雾的浓度越大,导电率越大,输出电阻越低,则输出的模拟信号就越大。MQ-2 型气体传感器的工作电压为直流 5 V。具有信号输出指示,即模拟量输出及 TTL 电平输出双路信号输出,TTL 输出有效信号为低电平。当输出低电平时信号灯亮,可直接接单片机,模拟量输出 0~5 V 电压,浓度越高,电压越高。对气体具有很高的灵敏度和良好的选择性。具有长期的使用寿命和可靠的稳定性。

10.2.3 电路设计

传感器的外形如图 10 - 7、图 10 - 8 所示。

引脚 1:AO 输出模拟信号

引脚 2:DO 输出数字信号(HIGH/LOW)

引脚 3:GND

引脚 4:5 V

LED5:电源灯

LED6:发生作用时亮灯

可调电阻 7:调整感应灵敏度

注:传感器需要 2 min 以上的预热时间

图 10 - 7 传感器外形图

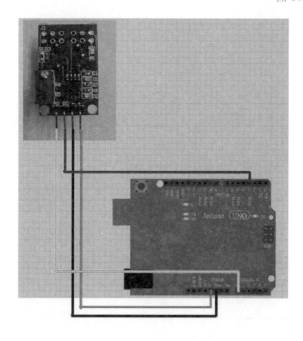

图 10 - 8 传感器外形图

10.2.4　程序示例

```
float tempAD;
int tempPin = 0;                              //定义变量
void setup( );
{
Serial.begin(9600);                          //设置串口波特率为 9600
}
void loop( )
{
tempAD = analogRead(tempPin);                //从传感器处读取数据
Serial.print("AD = ");
Serial.print((byte)tempAD);                  //将数据输出到计算机
Serial.print("\n");
delay(1000);                                 //输出下一个数据前等待 1 s
}
```

10.3　LM35 温度传感器实验

10.3.1　原理

温度传感器就是利用物质随温度变化特性的规律,把温度转换为电量的传感器,按照测量方式可以分为接触式和非接触式两大类,按照传感器材料以及元件特性分为热电阻传感器和热电耦传感器两类。

LM35 系列是 3 端子电压输出的精密集成电路温度传感器,它们的输出电压与摄氏温度成线性关系。因此,LM35 比按绝对温标校准的线性温度传感器优越得多。LM35 系列传感器生产制作时已经过校准,输出电压与摄氏温度一一对应,使用极为方便。

LM35 系列适合用密封的 TO-46 晶体管封装,而 LM35DZ 适合用塑料 TO-92 晶体管封装。它们有如下特点:

(1)直接用摄氏温度校准;

(2)线性+10.0 mV/℃比例因数,即温度每升高 1 ℃,Vout 口输出的电压就增加 10 mV;

(3)保证 0.5 ℃精度(在+25 ℃时);

(4)额定范围−60~150 ℃;

(5)工作电压范围宽,4~30 V;

(6)工作电流不超过 $60\mu A$;

(7)适合于远程应用;

(8)在静止空气中,自热效应低,小于 0.08 ℃的自热;

(9)非线性仅为±1/4 ℃;

(10)输出阻抗,通过 1 mA 电流时仅为 0.1 Ω。不同的型号对应着不同的封装形式、工作温度范围及存放温度,如表 10-2 所示。

表 10-2　不同的封装形式、工作温度范围及存放温度表

型号	封装	工作温度/℃	存放温度/℃
LM35DZ	TO-92 塑封	0～100	−60～150
LM35CZ	TO-92 塑封	−40～110	−60～150
LM35CAZ	TO-92 塑封	−40～110	−60～150
LM35H	TO-46 金属封	−55～150	−60～180
LM35AH	TO-46 金属封	−55～150	−60～180
LM35CH	TO-46 金属封	−40～110	−60～180
LM25CAH	TO-46 金属封	−40～110	−60～180
LM35DH	TO-46 金属封	0～100	−60～180
LM35DM	SO-8 表面贴	0～100	−65～150

LM35 外形图及封装如图 10-9 所示。

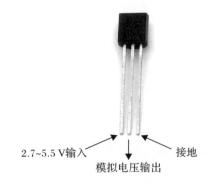

2.7~5.5 V输入　　模拟电压输出　　接地

图 10-9　常用的 TO-92 封装的引脚排列

10.3.2　电路设计

LM35 的电路连接原理图如图 10-10 所示，测温硬件连接如图 10-11 所示。

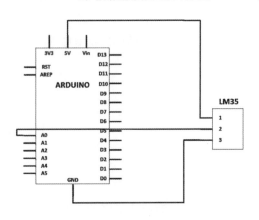

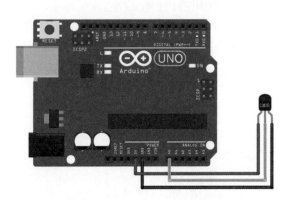

图 10-10　LM35 电路连接原理图　　　　图 10-11　LM35 测温硬件连接图

　　Arduino 控制器通过模拟输入端口测量 LM35 输出的电压值,然后通过 10 mV/℃ 的比例系数计算出温度数值。同时,在 100 ℃ 的时候,LM35 输出电压值为 1000 mV,这在 Arduino 控制器的内部参考电压范围内。下载线以外的实验用到的元器件清单如下:

　　直插 LM35×1,面包板×1,面包板跳线×1 扎。

10.3.3　程序示例

　　实验目标:让温度传感器显示现实温度。

　　(1)Serial. begin( )。在 void setup( ) 里面设置波特率,显示数值属于 Arduino 与 PC 机通信,所以 Arduino 的波特率应与 PC 机软件设置的相同才能显示出正确的数值,否则将会显示乱码或不显示。在 Arduino 软件的监视窗口右下角有一个可以设置波特率的按钮,这里设置的波特率需要跟程序中 void setup( ) 里面设置的波特率相同,设置波特率的语句为"Serial. begin( );",括号中为波特率的值 9600。

　　(2)anologRead(pin)。用于读取引脚的模拟量电压值。参数 pin 表示所要获取模拟量电压量的引脚,返回为 int 型。精度 10 位,返回值为 0～1023。

　　注意:函数参数 pin 的取值范围是 0～5,对应板上的模拟口 A0～A5。

　　(3)Serial. println( ) 或 Serial. print( )。Arduino 的输出就用两个函数 print 和 println,区别在于后者比前者多了回车换行。

10.4　红外传感器

10.4.1　物理基础

　　红外线也称为红外光或红外辐射,是位于可见光中红光以外的光线,故称为红外线。它是一种人眼看不见的电磁波,波长范围为 0.75～1000 μm,红外线在电磁波谱中的位置如图 10 - 12 所示。工程上又把红外线所占据的波段分为近红外、中红外、远红外和极远红外。

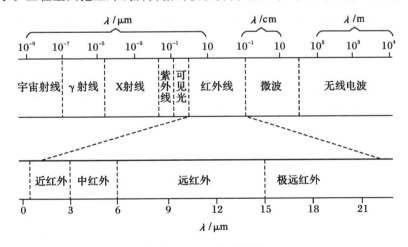

图 10 - 12　电磁波谱

红外光的最大特点是具有光热效应,能辐射热量,它是光谱中最大的光热效应区。红外辐射本质上是一种热辐射,自然界中的任何物体,只要其本身温度高于绝对零度(−273.15 ℃),就会向外部空间不断地辐射红外线。物体温度越高,辐射出来的红外线越多,辐射的能量就越强,因此可利用红外辐射来测量物体的温度。红外光在介质中传播时,由于介质的吸收和散射作用而被衰减。各种气体和液体对于不同波长的红外辐射的吸收是有选择性的,亦即不同的气体或液体只能吸收某一波长或几个波长范围的红外辐射能,这是利用红外线进行成分分析的依据之一。

红外线和所有电磁波一样,是以波的形式在空间中直线传播的,也服从反射定律和折射定律,具有干涉、衍射和偏振等现象。

10.4.2 工作原理

红外传感器一般由光学系统、探测器、信号调理电路及显示单元等组成。红外探测器是红外传感器的核心组成部分,其作用是将入射的红外辐射信号转变成电信号输出。红外辐射是波长介于可见光与微波之间的电磁波,人眼察觉不到。要察觉这种辐射的存在并测量其强弱,必须把它转变成可以察觉和测量的其他物理量。现代红外探测器所利用的主要是红外热效应和光电效应。这些效应的输出大多是电量,或者可用适当的方法转变成电量。

红外探测器的种类很多,按探测机理的不同,可分为热探测器和光敏探测器两大类。

1. 热探测器

利用红外辐射的热效应,热探测器吸收红外辐射后,引起温度升高,进而使有关物理参数发生相应变化,通过测量相关物理参数的变化来确定探测器所吸收的红外辐射能量。根据吸收红外辐射能后探测器物理参数的变化,可以将热探测器分为热释电型、热敏电阻型、热电偶型和气体型。

热释电型是根据热释电效应制成的,当晶体受热时,在晶体两端会产生数量相等而符号相反的电荷。当红外辐射照射在热敏电阻上,其温度升高,阻值减小,测量电阻值的变化即可得知入射的红外辐射的强弱。热电偶型是利用温差电势效应制成的,当温度升高,产生相应热电动势。气体型探测器是利用在体积一定的条件下温度升高时气体压强随之变化的原理制成的。其中,热释电型探测率最高,频率响应最宽,也是目前用得最广的红外传感器。

2. 光敏探测器

利用光电效应制成的红外探测器称为光敏探测器。常见的光电效应有外光电效应、光生伏特效应和光导效应等。相应的,光敏探测器可分为光电导型、光生伏特型和光电型等,可以是光电管、光电倍增管,也可以是半导体器件。

10.4.3 典型应用

1. 热释电红外传感器

当一些晶体受热时,在晶体两端会产生数量相等而符号相反的电荷,这种由于热变化而产生的电极化现象,称为热释电效应。利用热释电效应原理工作的热释电红外传感器是一种能检测人或动物发射的红外线而输出电信号的传感器。主要是由一种高热电系数的材料,如锆钛酸铅系陶瓷等制成尺寸 2 mm×1 mm 的热释电单元。在每个热释电晶片上装入一个或两个热释电单元,并将两个热释电单元以反极性串联,以抑制由于自身温度升高而产生的干扰。由热释电晶片将探测并接收到的红外辐射转变成微弱的电压信号,经场效应晶体管放大后向外输出,为了使热释电红外传感器对人体最敏感,而对太阳、电灯光等有抗干扰性,在传感器顶端开设了一个装有滤光镜片的窗口。为了提高传感器的探测灵敏度以增大探测距离,热释电晶片表面必须罩上一块由一组平行的棱柱型透镜所组成的菲涅尔透镜,它和放大电路相配合,可将信号放大 70 dB 以上,这样就可以测出 20 m 范围内人的行动,热释电元件如图 10 - 13 所示。

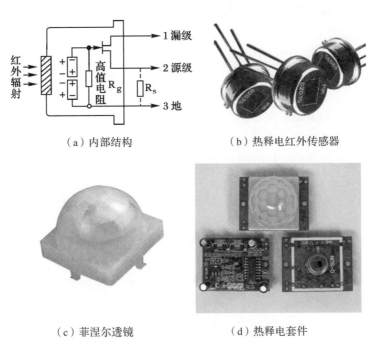

（a）内部结构　　　　　　　（b）热释电红外传感器

（c）菲涅尔透镜　　　　　　（d）热释电套件

图 10 - 13　热释电元件

每一透镜单元都只有一个不大的视场角,在热释电晶片前方产生一个交替变化的"盲区"和"高灵敏区",以提高它的探测接收灵敏度。当有人从透镜前走过时,人体发出的红外线就不断地交替从"盲区"进入"高灵敏区",这样就使接收到的红外信号以忽强忽弱的脉冲形式输入,晶片上的两个反向串联的热释电单元将输出一串交变脉冲信号。当然,如果人体静止不动地站在热释电元件前面,它是"视而不见"的。

热释电红外传感器以非接触形式检测人体或运动生物辐射的红外线,并将其转变为电压信号,热释电红外传感器既可用于防盗报警装置,也可用于自动控制、接近开关和遥测等领域。

2. 红外辐射测温仪

红外测温技术在生产过程中,在产品质量控制和监测、设备在线故障诊断和安全保护以及节约能源等方面发挥了重要的作用。近 20 年来,非接触红外人体测温仪在技术上得到迅速发展,性能不断完善,功能不断增强,品种不断增多,适用范围也不断扩大。比起接触式调温方法,红外测温有着响应时间快、非接触、使用安全及使用寿命长等优点,如图 10 - 14 所示。红外辐射测温仪既可用于高温测量,也可用于冰点以下的温度测量。市售的红外辐射

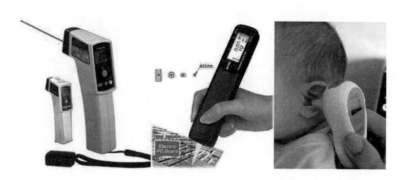

图 10-14　红外辐射测温仪

温度计的温度范围为 $-30 \sim 3000$ ℃,中间分成若干不同的规格,可根据需要选择适合的型号。

红外测温的方法有全辐射测温法、亮度测温法和双波段测温法等。全辐射测温法是利用辐射体在全波长范围的积分辐射能量与温度之间的函数关系实现温度测量的方法。亮度测温法是利用辐射体在某一波长下的光谱辐射亮度与温度之间的函数关系实现温度测量的方法。

红外辐射测温仪由光学系统、光电探测器、信号放大器及信号处理、显示输出等部分组成。光学系统汇聚其视场内的目标红外辐射能量,视场的大小由测温仪的光学零件及其位置确定。红外能量聚焦在光电探测器上并转变为相应的电信号,该信号经过放大器和信号处理电路,并按照相应的算法和目标发射率校正后转变为被测目标的温度值。

比色式温度传感器是采用比色式(双波段)测温原理,通过测量两个波长的单色辐射亮度之比值来实现对被测目标的非接触测温。它抗烟雾、水蒸气和灰尘能力较强,不受玻璃影响,能瞄准,可测量小目标,可不考虑距离系数,可以不完全被目标充满,无须调焦就可准确测量。比色式温度计适用于环境条件恶劣的工业现场中使用,如钢铁、焦化和炉窑等应用现场。

图 10-15 所示为双光路系统比色式温度传感器的原理框图,被测辐射光源射来的光线经分光棱镜 11 分成两路平行光,经反射镜 10 反射同时通过(或不通过)调制盘小孔,再分别通过滤光片 8、9 投射到相应的光电元件 3 上,产生两种颜色的光电信号,经运算放大电路 4 处理后送显示装置 5。

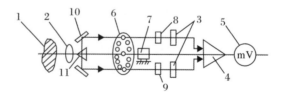

图 10-15　双光路系统比色式温度传感器原理框图

10.4.4　红外循迹传感器 TCRT5000 工作原理

1. 什么是 TCRT5000 红外循迹传感器

TCRT5000 由一个红外发射管和一个红外接收管组成。工作时，当发射管发射的红外信号经物体反射，并被接收管接收后，接收管的电阻会发生变化，相应的该接收管的电压也会随之变化。图 10 - 16 所示为 TCRT5000 红外线模块，包含波长 950 nm 的红外线发射器和接收器。图 10 - 16(a)所示为 TCRT5000 的外观图；图 10 - 16(b)所示为 TCRT500 的内部结构俯视图，使用时必须特别注意光敏晶体管的 C、E 引脚不可接反。

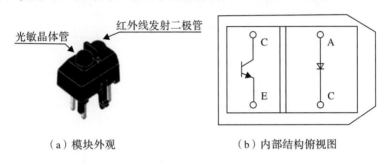

（a）模块外观　　　　　（b）内部结构俯视图

图 10 - 16　TCRT5000 红外线模块

2. TCRT5000 工作距离

TCRT5000 红外线模块工作距离在 0.2～15 mm(见图 10 - 17)，仍有 20％的相对集电极电流 e 输出，工作距离在 2 mm 以内，可以得到最佳精度。模块离地越近则识别精度越高，离地越远则识别精度越低。用 TCRT500 模块来制作红外线循迹自动机器人，比 CNY70 的感测距离更大。

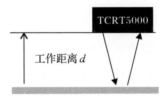

图 10 - 17　工作距离

3. TCRT5000 参数额定值

表 10 - 3 所示为 TCRT5000 红外线模块的参数额定值，设计电路时要注意不可超过额定值，以免将元件烧毁。TRCT5000 的输出与输入电流传输比值$(I_C / I_F) \times 100\% = 10\%$，在 $I_F = 60$ mA 的情况下，$V_F = 1.25$ V，$I_C = 6$ mA。所选用的输出负载电阻 R_c 值必须满足 TTL/CMOS 基准电位，这样 TCRT5000 红外线模块才能正常工作。

表 10 - 3 TCRT5000 红外线块的参放定值

端口引脚	参数	符号	数值	单位
输入 (发射器)	反向电压	V_R	5	V
	正向电流	I_F	60	mA
	正向浪涌电流	I_{ESM}	3	A
	功耗	P_V	100	mW
	引脚温度	T_J	100	℃
输出 (接收器)	集电极发射极反向击穿电压	V_{CEO}	70	V
	发射极集电极正向电压	V_{ECO}	5	V
	集电极电流	I_C	100	mA
	功耗	P_V	100	mW
	引脚温度	T_J	100	℃

4. TCRT5000 红外线传感电路

图 10 - 18 所示为 TCRT5000 红外线传感电路,在 $I_F = 60$ mA 的情况下,其 $V_F = 1.25$ V,$R1$ 电阻的选择必须让光敏晶体管进入饱和导通,但又不可以让发射二极管正向电流超过额定值 60 mA,输入电流越大,感测距离越大。

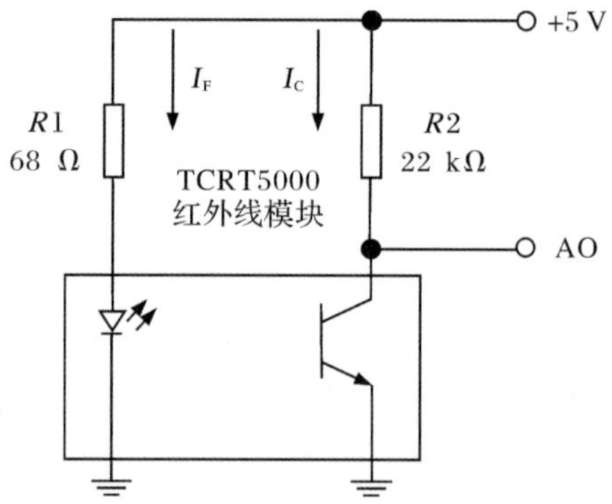

由欧姆定律可以得到流过红外线发射二极管的正向电流 I_F 为:

$$I_F = \frac{5-V_F}{R1} = \frac{5-1.25}{68} = 55 \text{ mA}$$

图 10 - 18 TCRT5000 红外线传感电路

因为 $I_C / I_F \times 100\% = 10\%$,所以 $I_C = 0.1$ mA,$I_F = 5.5$ mA。已足以让光敏晶体管饱和导通,致使输出 AO 为低基准电位。

5. 红外线循迹模块

对于一个从未学习过电子、信息相关知识的初学者而言,使用模块是比较简单的方法。但相对价格比自制电路要高。常用的 TCRT5000 红外线循迹模块,按输出的数据类型可以分成三线式和四线式两种。

(1)三线式 TCRT5000 红外线循迹模块。图 10 - 19 所示为三线式 TCRT5000 红外线循迹模块,包含电源 Vcc、接地 GND 和数字输出 OUT 三只引脚。内部使用一个 LM393 比较器,由半可变电阻 SVR1 来调整比较值,以得到基准电位明确的数字输出。当自动机器人行进在黑色轨道上时,黑色吸光不反射,光敏晶体管截止,OUT 输出逻辑 1。反之,当自动机器人行进在白色地面上时,红外线经由地面反射至光敏晶体管,流过红外线二极管的正向电流:

$$I_F = \frac{Vcc-V_F}{R1} = \frac{5-1.25}{68} = 55 \text{ mA}$$

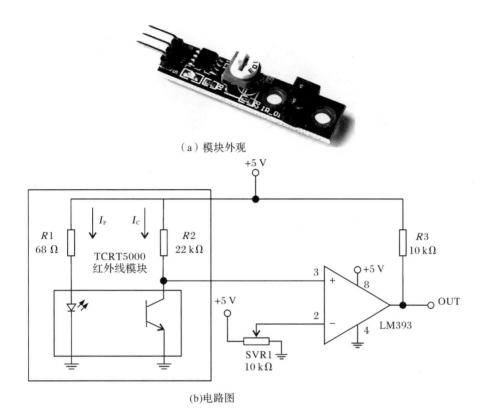

（a）模块外观

（b)电路图

图 10 - 19　三线式 TCRT5000 红外线循迹模块

因为 I_C 与 I_F 的电流转换比为 10%，所以 $I_C = 5.5$ mA。将会使光敏晶体管饱和导通，OUT 输出逻辑 0。如果不是与轨道对比强烈的白色地面，可以使用 SVR1 来调整轨道的感应灵敏度。

（2)四线式 TCRT5000 红外线循迹模块。图 10 - 20 所示为四线式 TCRT5000 红外线循迹模块，比三线式增加了模拟输出引脚（Analog Output，AO），当车子行进在黑色轨道上时，黑色吸光不反射，光敏晶体管截止，模拟输出 AO 为高电位。当车子行进在白色地面上时，红外线经由地面反射至光敏晶体管，流过红外线二极管的正向电流。

$$I_F = \frac{Vcc - V_F}{R1} = \frac{5 - 1.25}{68} = 55 \text{ mA}$$

因为 I_C 与 I_F 的电流转换比为 10%，所以 $I_C = 5.5$ mA，致使光敏晶体管饱和导通，模拟输出 AO 为低基准电位。

如果不是与轨道对比强烈的白色地面，部分红外线将会被地面吸收，反射全光敏晶体管的红外线将会变弱，使模拟输出 AO 低基准电位上升，因而降低了感应的灵敏度。我们可以将模拟输出 AO 连接到 Arduino UNO 板的模拟输入端 A0～A5，借助调整转换后的比较值来调整红外线模块的感应灵敏度。

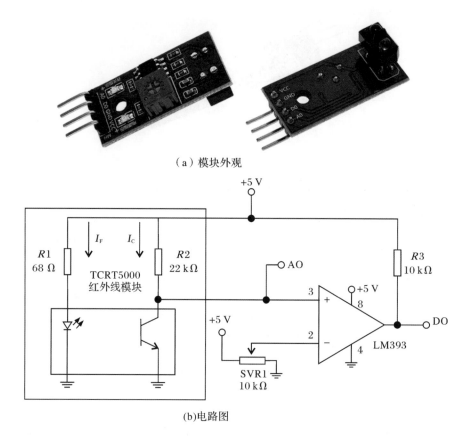

（a）模块外观

(b)电路图

图 10-20　四线式 TCRT5000 红外线循迹模块

10.4.5　红外循迹传感器 TCRT5000 循迹方法

1. 黑线检测原理

对准黑线：当 TCRT5000 对准黑线时，其发射管发射出的红外线被黑线吸收，而接收管接收到的红外线非常弱，那么接收管截止（电阻大），导致接收管端的输出电压变小。

偏离黑线：当 TCRT5000 偏离黑线时（对准白色区域），其发射管发射出的红外线被反射，而接收管接收到红外线变强，那么接收管导通（电阻小），导致接收管端的输出电压变大。

通过读取红外对管的输出电压是否发生变化就可以指导机器人是否检测到黑线，一般情况下，当 Arduino 模拟引脚读到的电压变小时，则说明检测到黑线，反之，则说明偏离黑线。

2. 红外线模块的数量

自动机器人使用的模块数量越多，在转弯时越能够顺滑地行走在轨道上，使用较高的行驶车速也不会冲出轨道，但相对成本较高。红外线循迹自动机器人使用 2 个、3 个、4 个、5 个、7 个等红外线模块，都可以达到循迹行走的目的。多数红外线循迹自动机器人如图 10-21 所示，使用 3 个或 5 个红外线模块，两者特性说明如下。

如图 10-21(a)所示为使用 3 个红外线模块，自动机器人进入轨道 A 点入弯处，红外线

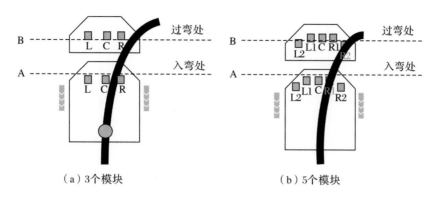

图 10 - 21　红外线模块的数量

感测到转弯轨道,回传至微控制器驱动左、右轮马达使自动机器人右转。但若车速太快,红外线模块将会来不及感测,自动机器人直线前进至轨道 B 点过弯处而冲出轨道,无法顺利转弯。3 组红外线循迹模块的优点是成本低,缺点是车速慢。

图 10 - 21(b)所示为使用五个红外线模块,自动机器人进入轨道 A 点入弯处,红外线感测到转弯轨道,回传至微控制器驱动左、右轮马达使自动机器人右转。但若车速太快,R1 红外线模块将会来不及感测,自动机器人直线前进至轨道 B 点过弯处,R2 红外线模块仍可感测到转弯轨道,使自动机器人能顺利转弯。5 组红外线循迹模块的优点是车速快,缺点是成本高。

5.红外线模块排列的间距

红外线模块排列的间距会影响自动机器人转弯的准确度。模块的间距太小时,虽然在轨道 A 点入弯处就能感测到轨道转弯路径,但若车速太快、弯角太小,很容易冲出轨道,而且模块间距太小也容易相互干扰,造成误动作。

模块的间距太大时,直到轨道 B 点过弯处才能感测到转弯路径,但反应时间过短,自动机器人很容易冲出轨道。循迹自动机器人竞赛的轨道大多选用 1.9 cm 宽的黑色或白色电工胶带,因此红外线循迹模块排列的间距只要大于 1.92 cm 即可,建议值为 1.5～2 cm。

10.4.6　程序示例

循迹小车 Arduino 程序:R 是右(right),L 是左(left),小车对着自己看时分的左右。

```
int MotorRight1 = 14;                       //A0 IN1
int MotorRight2 = 15;                       //A1 IN2
int MotorLeft1 = 16;                        //A2 IN3
int MotorLeft2 = 17;                        //A3 IN4
int MotorRPWM = 5;                          //PWM 5
int MotorLPWM = 3;                          //PWM 3
const int SensorLeft = 2;                   //左感测器输入脚
const int SensorRight = 6;                  //右感测器输入脚
int SL;                                     //左感测器状态
int SR;                                     //右感测器状态
void setup( )
{
```

```
    Serial.begin(9600);
    pinMode(MotorRight1,OUTPUT);                    // 14(PWM)
    pinMode(MotorRight2,OUTPUT);                    // 15(PWM)
    pinMode(MotorLeft1,OUTPUT);                     // 16(PWM)
    pinMode(MotorLeft2,OUTPUT);                     // 17(PWM)
    pinMode(MotorLPWM,OUTPUT);                      // 3(PWM)
    pinMode(MotorRPWM,OUTPUT);                      // 5(PWM)
    pinMode(SensorLeft,INPUT);
    pinMode(SensorRight,INPUT);
}
void loop( )
{
SL = digitalRead(SensorLeft);
SR = digitalRead(SensorRight);
    if(SL = = LOW&&SR = = LOW)//                    前进
  {
            digitalWrite(MotorRight1,LOW);          //IN1 右电机高电平反转
            digitalWrite(MotorRight2,HIGH);         //IN2 右电机高电平正转
            analogWrite(MotorRPWM,130);             //0～100～250

            digitalWrite(MotorLeft1,LOW);           //IN3 左电机高电平正转
            digitalWrite(MotorLeft2,HIGH);          //IN4 左电机高电平反转
            analogWrite(MotorLPWM,130);
    }
      else                                          // R 是右（right），L 是左
                                                    （left）小车对着自己看时分
                                                    的左右
    {
      if(SL = = HIGH & SR = = LOW)                   // 左白右黑，快速左转
      {
        delay(1);
        digitalWrite(MotorRight1,HIGH);             //IN1 右电机高电平反转
        digitalWrite(MotorRight2,LOW);              //IN2 右电机高电平正转
        analogWrite(MotorRPWM,130);

        digitalWrite(MotorLeft1,LOW);               //IN3 左电机高电平正转
        digitalWrite(MotorLeft2,HIGH);              //IN4 左电机高电平反转
        analogWrite(MotorLPWM,130);
      }
        else if(SR = = HIGH & SL = = LOW)           // 右白左黑，快速右转
```

```
    {
      delay(1);
        digitalWrite(MotorRight1,LOW);        //IN1 右电机高电平反转
        digitalWrite(MotorRight2,HIGH);       //IN2 右电机高电平正转
        analogWrite(MotorRPWM,130);

        digitalWrite(MotorLeft1,HIGH);        //IN3 左电机高电平正转
        digitalWrite(MotorLeft2,LOW);         //IN4 左电机高电平反转
        analogWrite(MotorLPWM,130);
    }
     else                                     // 都是白色,停止
    {
    digitalWrite(MotorRight1,LOW);
    digitalWrite(MotorRight2,LOW);
    analogWrite(MotorRPWM,0);
    digitalWrite(MotorLeft1,LOW);
    digitalWrite(MotorLeft2,LOW);;
    analogWrite(MotorLPWM,0);
    }}}
```

10.5　超声波传感器

超声波传感器是利用超声波的特性研制而成的传感器。超声波是一种振动频率高于声波的机械波,由换能晶片在电压的激励下发生振动产生,具有频率高、波长短、绕射现象小,特别是方向性好、能够成为射线而定向传播等特点。超声波对液体、固体的穿透本领很强,尤其是在不透明的固体中,可穿透几十米的厚度。超声波碰到杂质或分界面会产生显著反射形成反射回波,碰到活动物体能产生多普勒效应。超声波传感器广泛应用在工业、国防、生物医学等方面。

10.5.1　物理基础

介质中的质点以弹性力互相联系。某质点在介质中振动,能激起周围质点的振动。质点振动在弹性介质内的传播形成机械波。根据声波频率的范围,声波可以分为次声波、声波和超声波。其中,频率在 $16 \sim 2 \times 10^4$ Hz,能为人耳所闻的机械波,称为声波;频率低于 16 Hz 的机械波,称为次声波;频率高于 2×10^4 Hz 的机械波,称为超声波。声波的频率越高,与光波的某些特性就越相似。超声波波长 λ、频率 f 与速度 c 的关系为:$\lambda = c/f$。

1. 物理性质

(1)超声波的波型。由于声源在介质中施力方向与波在介质中传播方向的不同,声波的波型也有所不同。通常有如下几种:

①纵波:质点振动方向与波的传播方向一致的波,它能在固体、液体和气体中传播。

②横波:质点振动方向垂直于传播方向的波。它只能在固体中传播。

③表面波:质点的振动介于纵波与横波之间,沿着固体表面传播,其振幅随深度增加而迅速衰减的波。表面波随深度增加衰减很快,只能沿着固体的表面传播。为了测量各种状态的物理量,多采用纵波。

(2)超声波的传播速度。纵波、横波及表面波的传播速度,取决于介质的弹性常数及介质密度。气体和液体中只能传播纵波,气体中声速为 344 m/s,液体中声速为 900~1900 m/s。在固体中,纵波、横波和表面波三者的声速成一定关系。通常可认为横波声速为纵波声速的一半,表面波声速约为横波声速的 90%。值得指出的是,介质中的声速受温度影响变化较大,在实际使用中注意采取温度补偿措施。

(3)超声波的反射和折射。超声波从一种介质传播到另一种介质时,在两个介质的分界上一部分超声波被反射,另一部分则透过分界面,在另一种介质内继续传播。这两种情况分别称为超声波的反射和折射。其中,α 是入射角,α' 是反射角,β 是折射角。

反射定律:当波在界面上发生反射时,入射角 α 的正弦与反射角 α' 的正弦之比等于入射波波速与反射波波速之比。当入射波和反射波的波型相同、波速相等时,入射角 α 等于反射角 α'。

折射定律:当波在界面处产生折射时,入射角 α 的正弦与折射角 β 的正弦之比等于入射波在第一介质中的波速 C_1 与折射波在第二介质中的波速 C_2 之比,即

$$Sin\alpha / Sin\beta = C_1 / C_2$$

(4)波型的转换。当声波以某一角度入射到第二介质(固体)的界面上时,除有纵波的反射、折射以外,还会发生横波的反射和折射,如图 10-22 所示。在一定条件下,还能产生表面波。各种波型均符合几何光学中的反射定律,即

$$\frac{c_L}{\sin\alpha} = \frac{c_{L_1}}{\sin\alpha_1} = \frac{c_{S_1}}{\sin\alpha_2} = \frac{c_{L_2}}{\sin\gamma} = \frac{c_{S_2}}{\sin\beta}$$

式中:α ——入射角;

α_1、α_2 ——纵波与横波的反射角;

γ、β ——纵波与横波的折射角;

C_L、C_{L_1}、C_{L_2} ——入射介质、反射介质与折射介质内的纵波速度;

C_{S_1}、C_{S_2} ——反射介质与折射介质内的横波速度。

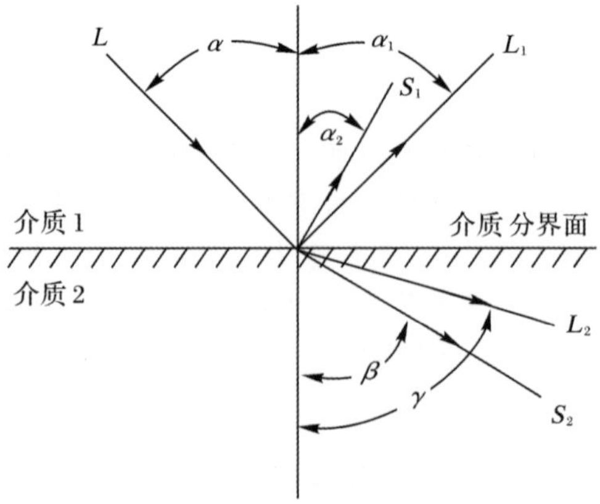

图 10-22 波形转换图

如果第二介质为液体或气体,则仅有纵波,而不会产生横波和表面波。

①纵波全反射:在用横波探测时不希望有纵波存在,由于纵波折射角(或波速)大于横波折射角(或波速),故可选择恰当的入射角从而使得纵波全反射,只要纵波折射角大于或等于90°,此时的折射波中便只有横波存在。对应于纵波折射角为 90°时的入射角称为纵波临界角。

②横波全反射:如果是横波全反射,则在介质的分界面上只传播表面波。对应于横波折射角为 90°时的入射角称为横波临界角,也称为第二临界角。

10.5.2　工作原理

要以超声波作为检测手段,必须能产生超声波和接收超声波。完成这种功能的装置就是超声波传感器,习惯上称为超声波换能器,或称超声波探头。

超声波传感器按其工作原理,可分为压电式、磁致伸缩式和电磁式等。

1. 压电式超声波传感器

压电式超声波传感器是利用压电材料的压电效应原理来工作的。常用的压电材料主要有压晶体和压电陶瓷。根据正、逆压电效应的不同,压电式超声波传感器分为发生器(发射探头)和接收器(接收探头)两种。

压电式超声波发生器是利用逆压电效应的原理将高频电振动转换成高频机械振动,从而产生超声波。当外加交变电压的频率等于压电材料的固有频率时会产生共振,此时产生的超声波最强。压电式超声波传感器可以产生几十千赫兹到几十兆赫兹的高频超声波,其声强可达几十瓦每平方厘米。

压电式超声波接收器是利用正压电效应原理进行工作的。当超声波作用到压电晶片上会引起晶片伸缩,在晶片的两个表面上便产生极性相反的电荷,这些电荷被转换成电压经放大器送到测量电路,最后记录或显示出来。压电式超声波接收器的结构和超声波发生器基本相同,有时就用同一个传感器兼做发生器和接收器两种用途。

通用型压电式超声波传感器的中心频率一般为几十千赫兹,主要由压电晶片、圆锥谐振器、栅孔等组成;高频性压电式超声波传感器的频率一般在 100 kHz 以上,主要由压电晶片、吸收块(阻尼块)、保护膜等组成。压电晶片多为圆板形,设其厚度为 σ,超声波频率 f 与其厚度 σ 成反比。压电晶片的两面镀有银层,作为导电的极板,底面接地,上面接至引出线。为了避免传感器与被测件直接接触而磨损压电晶片,在压电晶片下粘合一层保护膜(0.3 mm厚的塑料膜、不锈钢片或陶瓷片)。吸收块的作用是降低压电晶片的机械品质,吸收超声波的能量。如果没有吸收块,当激励的电脉冲信号停止时,晶片将会继续振荡,加长超声波的脉冲宽度,使分辨率变差。

2. 磁致伸缩式超声波传感器

铁磁材料在交变的磁场中沿着磁场方向产生伸缩的现象,称为磁致伸缩效应。磁致伸缩效应的强弱即材料伸长缩短的程度,因铁磁材料的不同而各异。镍的磁致伸缩效应最大,如果先加一定的直流磁场,再通以交变电流时,它可以工作在特性最好的区域。磁致伸缩传感器的材料除镍外,还有铁钴钒合金和含锌、镍的铁氧体。它们的工作频率范围较窄,仅在几万赫兹以内,但功率可达 100 kW,声强可达几千瓦每平方毫米,且能耐较高的温度。如图10-23 所示为超声波探头。

图 10 - 23　超声波探头

磁致伸缩式超声波发生器是把铁磁材料置于交变磁场中,使它产生机械尺寸的交替变化即机械振动,从而产生出超声波。它由几个厚为 0.1～0.4 mm 的镍片叠加而成,片间绝缘以减少涡流损失,其结构形状有矩形、窗形等。

磁致伸缩式超声波接收器的原理是:当超声波作用在磁致伸缩材料上时,引起材料伸缩,从而导致它的内部磁场(即导磁特性)发生改变。根据电磁感应,磁致伸缩材料上所绕的线圈便获得感应电动势。此电动势被送入测量电路,最后记录或显示出来。

10.5.3　典型应用

1. 超声波测厚仪

超声波测量厚度常采用脉冲回波法。图 10 - 24 所示为脉冲回波法检测厚度的工作原理。在用脉冲回波法测量试件厚度时,超声波探头与被测试件某表面相接触。由主控制器产生一定频率的脉冲信号,送往发射电路,经电流放大后加在超声波探头上,从而激励超声波探头产生重复的超声波脉冲。脉冲波传到被测试件另一表面后反射回来,被同探头接收。若已知超声波在被测试件中的传播速度 v,设试件厚度为 d,脉冲波从发射到接收的时间间隔 Δt 可以测量,因此可求出被测试件厚度为

$$d = \frac{v\Delta t}{2}$$

为测量时间间隔 Δt,可采用图 10 - 24 所示的方法,将发射脉冲和回波反射脉冲加至示波器垂直偏转板上。标记发生器输出的已知时间间隔的脉冲,也加在示波器垂直偏转板上。线性扫描电压加在水平偏转板上。因此可以直接从示波器屏幕上观察到发射脉冲和回波反射脉冲,从而求出两者的时间间隔 Δt。当然,也可用稳频晶振产生的时间标准信号来测量时间间隔 Δt,从而做成厚度数字显示仪表。

用超声波传感器测量金属零件的厚度(测量范围为 0.1～10 mm,信号频率为 5 MHz),具有测量精度高、操作安全简单、易于读数、能实现连续自动检测、测试仪器轻便等众多优点。但是,对于声衰减很大的材料,以及表面凹凸不平或形状极不规则的零件,利用超声波实现厚度测量则比较困难。

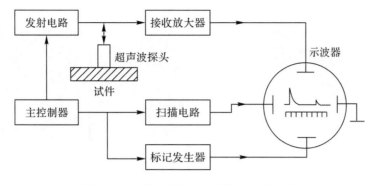

图 10 - 24　脉冲回波法检测厚度工作原理

2. 超声波物位计

超声波物位计是根据超声波在两种介质的分界面上的反射特性而工作的。

3. 超声波流量计

超声波流量检测是利用超声波在流体中传输时,在逆流和顺流时传播速度不同的特点,求得流体的流速和流量的。

4. 超声波测距仪

超声波能在气体、液体和固体中以一定的速度定向传播,遇障碍物后形成反射。利用这一特性,数字式超声波测距仪通过对超声波往返时间内输入到计数器特定频率的时钟脉冲进行计数,进而显示对应的测量距离,从而实现无接触测量物体距离。超声波测距仪由超声波发生电路、超声波接收放大电路、计数和显示电路组成,如图 10 - 25 所示。超声波测距迅速、方便,且不受光线等因素影响。

图 10 - 25　超声波测距仪

10.5.4　HC-SR04 超声波传感器原理

超声波是振动频率高于声波的机械波,具有频率高、波长短、绕射小、方向性好、能够成为射线而定向传播等特点。超声波对液体、固体的穿透能力很强,可以达到几十米的深度。超声波碰到杂质或分界面会产生反射,形成反射回波,碰到活的动物体能产生多普勒效应。超声波传感器就是利用这些特性研而制成的传感器,广泛应用在工业、国防、生物医学等方面。

本例程使用 HC-SR04 超声波传感器,如图 10 - 26 所示。

四个管脚:

(1)电源脚(Vcc);

(2)触发控制端(Trig);

(3)接收端(Echo);

(4)地端(GND)

产品参数:

(1)使用电压:DC(5 V)

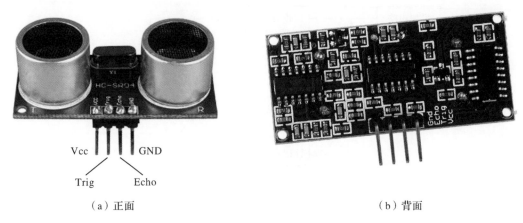

（a）正面 （b）背面

图 10 - 26 超声波传感器

（2）静态电流：小于 2 mA

（3）电平输出：高 5 V

（4）电平输出：低 0 V

（5）感应角度：不大于 15°

（6）探测距离：2～450 cm

（7）精度：可达 0.2 cm

测距原理：

（1）采用 I/O 口 Trig 触发测距，触发持续 10 μs 以上的高电平信号；

（2）模块自动发送 8 个 40 kHz 的方波，自动检测是否有信号返回；

（3）有信号返回，通过 I/O 口 Echo 输出一个高电平，高电平持续的时间就是超声波从发射到返回的时间。

（4）测试距离（d）＝［高电平时间×声速（340 m/s）］/2。

时序图如图 10 - 27 所示。

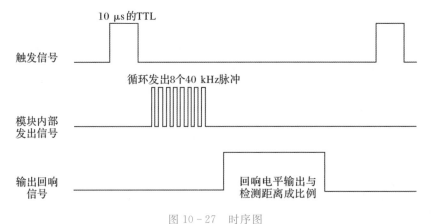

图 10 - 27 时序图

典型应用：机器人避障、物体测距、液位检测、公共安防、停车场检测。

10.5.5　电路设计

实验目的：

1.通过超声波测距的实验进一步掌握超声波传感器测距的原理。

2.通过超声波测距的实验学会超声波测距传感器的使用。

实验步骤：

1.超声波传感器的四个管脚分别接到 Arduino 开发板上的 Vcc-5 V,GND-GND,Trig-D2,Echo-D 接口。

2.将程序烧制到 Arduino 开发板中,打开串口监视器,可以显示与被测物体的距离,并且随着被测物体的移动,显示出的距离也跟着变化。

实验效果：

通过串口可以显示出被测物体与传感器之间的距离。

实验环境：

1.硬件　1 块 Ardiuno 开发板、1 根 USB 下载线、1 块面包板、1 块 HC-SR04 芯片、跳线若干。

2.软件　Windows 7/XP、Arduino IDE 软件。

电路连接如图 10 - 28 所示。

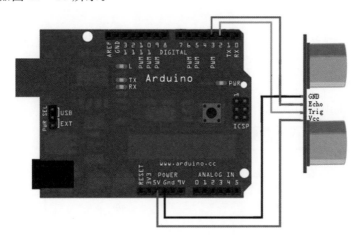

图 10 - 28　电路连接图

10.5.6　程序示例

程序流程分析如图 10 - 29 所示。

在 Arduino 平台下使用 HC-SR04 超声波传感器需要安装它所对应的库文件,可以从官方网站下载 NewPing.h 库文件。然后解压在 Arduino 安装目录下的 \libraries 目录中,重新启动 Arduino IDE,在 Arduino-sketch-importlibrary 目录下可以看到新的库文件 New Ping。

实验代码如下：

```
#include,< NewPing.h>;
const int TrigPin = 2;
const int EchoPin = 3;
```

```
float cm;
void setup( )
{
Serial.begin(9600);
pinMode(TrigPin,OUTPUT);
pinMode(EchoPin,INPUT);
}
oid loop( )
{
digitalWrite(TrigPin,LOW);        //发一个短时间脉
                                    冲去 TrigPin
delayMicroseconds(2);
digitalWrite(TrigPin,HIGH);
delayMicroseconds(10);
digitalWrite(TrigPin,LOW);
cm = pulseIn(EchoPin,HIGH)/ 58.0;  //将回波时间换算
                                    成 cm
cm = (int(cm * 100.0))/ 100.0;     //保留两位小数
Serial.print(cm);
Serial.print("cm");
Serial.println( );
delay(1000);
}
```

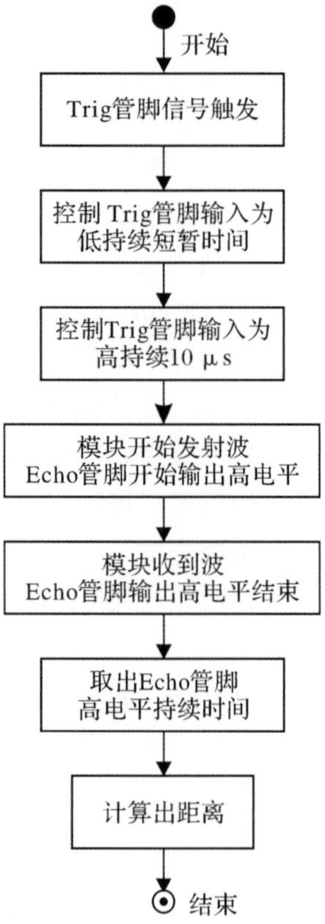

开始

Trig管脚信号触发

↓

控制 Trig管脚输入为
低持续短暂时间

↓

控制Trig管脚输入为
高持续10 μs

↓

模块开始发射波
Echo管脚开始输出高电平

↓

模块收到波
Echo管脚输出高电平结束

↓

取出Echo管脚
高电平持续时间

↓

计算出距离

↓ 结束

图 10 - 29 流程图

串口显示如图 10 - 30 所示。

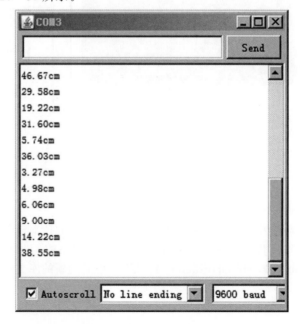

图 10 - 30 串口显示

pulseIn 函数说明：

（1）pulseIn 函数其实就是一个简单的测量脉冲宽度的函数，默认单位是 μs。也就是说 pulseIn 测出来的是超声波从发射到接收所经过的时间。

（2）对于除数 58 也很好理解，声音在干燥、20 ℃的空气中的传播速度大约为 343 m/s，合 34 300 cm/s。或者，我们做一下单位换算（34 300 除以 1 000 000）cm/μs。即为：0.0343 cm/μs，再换一个角度，1 cm/（0.0343 cm/μs）即：29.15 μs。这就意味着，1 cm 距离传输需要 29.15 μs。但是发送后到接收到回波，声音走过的是 2 倍的距离，所以换成距离（cm），要除以 58。当然除以 58.3 更精确。所以我们可以用 pulseIn(EchoPin,HIGH)/58.00 获取测得的距离。

科学精神培养

尊重他人

尊重他人，要虚心向人民群众学习，把自己放在人民群众之中，接受人民群众的监督和批评，满腔热情为人民群众服务。

尊重他人，要平等待人。每个人都有自己独立的人格，没有尊卑、贵贱之分。同志之间要平等相处，不可以高高在上的态度和家长式的作风专断蛮横、发号施令，甚至讽刺、挖苦、训斥、辱骂。提意见要与人为善，争论问题要有民主气氛，不以势压人、以力压人、以力服人。只有做到了平等待人才能做到尊重他人。

尊重他人，要严于律己，宽以待人。同志相处，要多看别人长处、优点，要正视自己的短处和不足。发生了矛盾要多从自身找原因、进行自我批评，即便是对方的责任，也应宽容忍让，要学会克制。在任何情况下，都应沉着冷静，不意气用事。

尊重他人，要以正确的态度对待学术争论。科技活动中不同学术观点和不同学派的争论，是推动科技发展的重要力量，是客观的必然现象。正确对待学术争论，是同行道德的要求，是谦虚谨慎、尊重他人的重要表现。

一个集体的成员都能谦虚谨慎、尊重他人，那么这个集体成员间的关系就融洽和谐，相互间就会产生吸引力。团结来自相互的吸引，相互的心理满足，向心就能多力，就能合作共事。因此，科技人员要做到谦虚谨慎、尊重他人。

本章习题

1. 简单谈谈传感器分为哪几类？
2. 在串口监视窗口显示实时温度。要求给出相关元器件、电路图、程序代码。
3. 利用 MQ-2 气体传感器，尝试检测周围气体，并在串口监视窗口显示。要求给出相关元器件、电路图、程序代码。

第 11 章　Arduino 与无线通信

无线通信在生活中很常见,人们用手机相互拨打电话发送短信或者使用手机上其他即时通信工具,如 QQ、微信等进行沟通,这些都属于无线通信。如今智能手机越来越多,在很多地方都可以通过 Wi-Fi 连接互联网,或者使用蓝牙传送照片等信息,这也是无线通信的内容。无线通信应用十分广泛,小到身边的手机,大到航空航天,无线通信都起着十分重要的作用。本章主要介绍内容如下:

- 无线通信简介及通信协议;
- Wi-Fi 模块;
- 蓝牙;
- ZigBee 与移动通信。

11.1　无线通信与协议简介

11.1.1　无线通信简介

无线通信是一种利用电磁波(而不是电缆线)进行通信的方式,无线通信包括微波通信和红外线通信等方式。目前,无线通信逐渐从长距离无线通信分化成为长距离无线通信和短距离无线通信两大阵营。

长距离无线通信主要是指卫星通信,或者传播距离为几千米的微波通信,卫星通信通过利用卫星作为中继站,在两个或者两个以上的地球站或移动物体之间建立通信,微波中继站通常需要相隔几千米就建立一个,以便实现微波的全面覆盖。而短距离无线通信则是在无线局域网的发展前提下发展起来的,短距离无线通信主要是指在较小的范围内,一般为数百米内的通信,目前常见的技术有 802.11 系列无线局域网、蓝牙、HomeRF 和红外传输技术。

使用无线通信协议一般连接各种便携式电子设备,计算机外设和家用电器设备,从而实现各个设备之间的信息交换或共享。目前使用较广泛的短距无线通信技术是蓝牙(Bluetooth),无线局域网 802.11(Wi-Fi)和红外数据传输(IrDA)。同时还有一些具有发展潜力的近距离无线技术标准,它们分别是:ZigBee、超宽频(Ultra WideBand)、短距通信(NFC)、WiMedia、GPS、DECT 和专用无线系统等。一般根据不同的要求如功耗、传输速度或者距离使用不同的技术方案。

Arduino 同样支持多种短距离无线通信,常见的有 Wi-Fi 和蓝牙(Bluetooth)等。不仅如此,如果给开发板外接可以发短信的芯片如 SIM900 系列的 GPRS 模块,Arduino 同样可以用来通过发短信进行长距离无线通信；使用 Wi-Fi 和使用蓝牙控制小设备如小车、玩具飞行器或者连接手机等。

11.1.2　无线通信协议

无线接入技术则主要包括 IEEE 的 802.11、802.15、802.16 和 802.20 标准，分别指无线局域网 WLAN（采用 Wi-Fi 等标准）、无线个域网 WPAN（包括蓝牙与超宽带 UWB 等）、无线城域网 WMAN（包括 WIMAX 等）和宽带移动接入 WBMA。

一般来说，使用 802.11 协议的 Wi-Fi 具有热点覆盖、低移动性和高数据传输速率的特点。而 WPAN 能够提供超近距离覆盖和高数据传输速率，能够实现城域覆盖和高数据传输速率，还可以提供广覆盖、高移动性和高数据传输速率。

11.2　Wi-Fi

Wi-Fi 是一种短距离无线通信技术，本质上是一种高频的无线信号。Wi-Fi 可以将个人电脑（多指笔记本电脑）、PAD、手机等无线设备终端通过无线信号连接到一起，可以提供访问互联网的功能。Arduino 同样推出了 Arduino WiFi 板，Arduino WiFi 跟手机的 Wi-Fi 功能一样，可以通过无线连接互联网，并可以通过网络上传和下载数据。Arduino WiFi Shield 如图 11-1 所示。

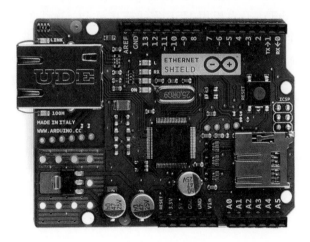

图 11-1　Arduino WiFi Shield

Arduino WiFi Shield 通过 802.11 无线标准连接至互联网。它基于 HDG104 Wireless LAN 802.11b/g 系统软件包。ATmega 32UC3 提供了一个 TCP 和 UDP 的互联网 IP 堆栈。通过使用 Wi-Fi 库将开发板连接至互联网。WiFi Shield 通过长线转换延伸至扩展板的接头连接到 Arduino 电路板。这使引脚布局保持不变，并允许另一个扩展板插叠到上面。

Arduino WiFi Shield 有几个引脚需要注意，这也是它与普通 Arduino 开发板不同的地方。使用 Wi-Fi 功能时，HDG104 通过数字 I/O 口 10、11、12、13 和 Arduino SPI 总线相连接，数字 I/O 口 4 用来控制存储数据到片内 Micro-SD 卡。片内的 Micro-SD 卡可用来存储文件，可与 Arduino UNO 和 Mega 兼容。同时，Micro-SD 和 HDG104 共享 SPI 总线。

在 Arduino 官方网站上,有使用 Arduino WiFi Shield 的官方案例,如 http://www.arduino.cc/en/Tutoriai/WiFiWebClient 上给出了使用 WiFi Shield 作为 Web 客户端访问网络的教程。

11.3 蓝牙

目前智能手机大多具有蓝牙功能,蓝牙是一种传输距离非常短的无线通信方式,一般只有几米,但其建立连接简单,支持全双工传输且传输速率快,一般应用在移动电话、笔记本电脑、无线耳机和 PDA 等设备上。

早在 1994 年,爱立信公司就开始研发蓝牙技术了。经过多年的发展,蓝牙由最初的一家公司研究逐渐成为全球性的技术联盟和推广组织。由于蓝牙的低功耗、低成本、安全稳定并易于使用的特性使得蓝牙在全球范围使用非常广泛。

Arduino 同样支持蓝牙通信,只需要安装一个蓝牙串口模块,该模块有 4 个接线引脚,分别是电源 5 V、GND 和串口通信收发端 TX、RX。实际上,这个蓝牙模块相当于 Arduino 与其他设备进行通信的桥梁,利用这个蓝牙模块,可以代替 USB 线将 Arduino 连接到电脑上,也可以让 Arduino 连接其他拥有蓝牙功能的设备。

使用 Arduino 和蓝牙模块同 PC 进行通信。将蓝牙模块的 5 V 电源引脚和 GND 引脚分别用跳线连接到 Arduino 开发板对应的接口。RX 和 IX 端口分别连接开发板的 0 号和 1 号数字 I/O 口,将 Arduino 开发板用 USB 连线连接至 PC,连线就完成了,非常简单。读者会发现蓝牙模块有个灯常亮而有一个却一直在闪烁,这是因为蓝牙模块背面有两个灯 power 和 state,通电后 power 就亮了,state 灯一直在闪烁则是因为蓝牙还未连接设备。

例:这里通过 PC 向 Arduino 开发板发送字符串"Start",之后开发板传输一个字符串"Bluetooth"给 PC 来代表一次完整的通信过程。程序如下:

```
int ledPin = 13;
int pinRx = 0;
int pinTx = 0;
String val = "";                    //定义一个字符串类型的变量
void setup( )
{
    Serial.begin(9600);             //初始化串口
    pinMode(ledPin,OUTPUT);
}
void loop
{
    while(Serial.available( )>0)
    {
        val + = char(Serial.read( )); //将串口读取的字符串送到变量 val 中
        delay(2);                     //每隔一小段时间再读取一次保证读取的正确性
    }
```

```
if(val = = "start")              // 判断是否接收到 Start
{
  digitalWrite(ledPin,HIGH);
  digitalWrite(ledPin,LOW);
  delay(1000)
  Serial println("Bluetooth");
  }
}
```

程序编译后,就可以进行上传了。上传时注意拔掉 Arduino 与蓝牙模块的串口引脚 TX 和 RX,否则因为其占用串口会导致上传失败。上传运行后将 PC 与 Arduino 开发板的连接断掉并使用其他电源供电。之后 PC 端需打开蓝牙管理,然后选择添加新的设备,会找到 Arduino 蓝牙设备"linvor"。打开后点右键连接,跳出配对密码输入框,输入配对密码 "1234"即可。连接完成后,可以看到蓝牙模块上的 state 灯长亮了,这表明连接正常,可以进行通信了。之后打开 IDE 自带的串口监视器,在串口中输入"Start",单击发送后就可以看到串口监视其中显示"Bluetooth"了。这表明使用蓝牙通信成功。

11.4 ZigBee

ZigBee 是基于 IEEE802.15.4 标准协议规定的一种短距离、低功耗的无线通信技术。细心的读者会发现"Zig"(嗡嗡声)和"Bee"(蜜蜂)这两个单词都同大自然中的蜜蜂相关,蜜蜂就是通过各种造型的舞动来传递信息的,这种神奇的通信方式用来形容 ZigBee 的特点非常的贴切。ZigBee 的特点是近距离、低复杂度、自组织、低功耗、高数据速率、低成本,常用在自动控制和远程控制领域,可以嵌入各种设备中进行通信。

Arduino 官方推荐的 ZigBee 模块叫做 XBee 无线通信模块,由于国内价格较高且数量较少不便购买的原因,常用的是 APC220 无线通信模块,APC220 模块频率为 31～478 MHz,支持串口通信,而且不仅支持点对点通信,还支持一对多的通信。APC220 与 Arduino 连接同样通过 TX 和 RX 串口,但是其波特率建议为 19200 b/s。

目前 Arduino 使用 ZigBee 技术制作电子产品的前景十分广阔,比较火热的一个话题就是利用 ZigBee 控制电器和传感器制作智能家居,有兴趣的读者可以学习相关案例。

11.5 移动通信

前面提到 Arduino 可以控制 GPRS 无线模块收发短信甚至彩信。不仅如此,Arduino 同样还可以利用 GPRS 模块接打电话,这个功能可以用在很多地方。比如利用 Arduino 和一些传感器部署在家中,如果发生紧急情况例如火灾可以通过 Arduino 发送短信通知未在家的主人,或者远程控制 Aduino 执行一些任务,比如打开热水器、打开灯和关闭窗帘等,这时候 Arduino 就相当于一个贴心的管家,一丝不苟地执行既定的任务。

国内 Arduino 使用的 GSM/GPRS 模块以 SIM900 系列为主,SIM900A 是 SIMCom(芯讯通)公司推出的一款仅适用于中国市场的 GSMGPRS 模块,具有性能稳定、外观精巧、性价比高等特点。SIM900A 采用了工业标准接口,工作频率为 GSM/GPRS 850/900/1800/1900 MHz,可以在低功耗的情况下实现语音、SMS、数据和传真信息的传输。

那么如何使用 Aduino 发送一条短信呢,在使用 STM900 之前读者有必要了解下 AT 指令的相关知识。AT 指令中的 AT 即 Attention,一般应用于终端设备与 PC 应用之间的连接与通信。AT 指令的用法为"AT+指令",例如 AT+CMGC 为发出一条短消息的命令,AT+CMGR 为读短消息。

接下来的例子是 Arduino 通过 SIM900A 发送一条短信给特定的移动手机。

移动应用:使用 Arduino 发送手机短信。

硬件准备:Arduino UNO,SIM900A 拓展版,跳线若干。

进行连线:Arduino 开发板与 SIM900A 模块连线方式同其他无线模块类似,该模块有 4 个接线引脚,分别是电源 5 V,GND 和串口通信收发端 TX、RX。连接时仍然是电源 5 V 和 GND 连接 Arduino 的电源 5 V 引脚和 GND 引脚,RX 和 TX 分别连接串口引脚 0 和 1。

程序如下:

```
#defineMAXCHAR 81                          //定义数组长度
char array[MAXCHAR]                        //定义数组
int temp = 0;                              //用于清理缓存的临时变量 int g_timeout = 0;
                                           防止程序跑偏

char ATE0[] = "ATE0";
char CREG _CMD[] = "AT + CREG?";           //网络注册及状态查询
char SMS_ send[] = "AT + CMGS = 18";       //发送短消息 PDU 格式
char ATCN[] = "AT + CNM1 = 2,1";           //新消息指示
char CMGF0[] = "AT + CNMF = 0";            //设置短消息的发送格式 PDU
char CMGF1[] = "AT + CNMF = 1";            //纯文本
char CMGR[12] = "AT + CMGR = 1";           //读取短消息
char CMGD[12] = "AT + CMGD = 1";           //删除所有已读短消息
#define SEND _MESSA _TO_ YOUR"at + cmgs = \"* * * * * * * * * * * * * * *\"\r\n"
                                           //填入你手上的手机号码不是开发板的
#define SEND_ MESSA_ CONTENT "arduino group test"    //读取串口输入
int readSerial(char result[])                        //将缓冲内容放入 result[]中
int i = 0;
while(Serial.available( )>0)                          //read from serial
{
    char in Char = = Serial.read( );
    if(in Char = = '\n'
    {
      result[i] = '\0';
      Senial.flush( );                               //缓冲
```

```
        return0;
      }
    if(inChar!  = ´\r´)
      {
      result[i] = inchar;
      i++;
      }
    }
}
/*
清除缓存
*/
void clearBuff(void)                            //清空 buff
{
int j = 0;
for(temp = 0;j<MAXCHAR;j++)
{
  array[temp] = 0x00;
}
  temp = 0;
}


int Hand(char * s)
{
  delay(200);
  clear Buff( );
  delay(300);
  readSerial(array);
  if(strstr(array,s)!  = NULL
  {
  g_timeout = 0;
  clearBuff( );
  return 1;
  }
  if(g_timeout>50)
  {
  g_timeout = 0;
```

```
   return -1;
   }
   g_timeout++;
   return 0;
   }
voidAT(void)                                    //测试 GSM 模块状态
clearBuff();
Serial.println(ATEO);                           //通知设备准备执行命令
delay(500);
readSerial(array);
while(strstr(array,"OK") == NULL)
{
clearBuff();
Serial.println(ATEO);
delay(500);
readSerial(array);
}
clearBuff();
Serial.println(ATCN);     //载波控制默认 = 1,为了保证兼容性,执行号只是返回结果码
                            而没有其他作用
delay(500);
while(Hand("OK") == 0);
while(1)
{
    clearBuff();
Serial.println(CREG_CMD);  //网络注册及状态查询返回值共有 5 个,分别 0,1,2,3,4,5,
                            0 代表没有注册网络同时模块没有找到运营商,1 代注册到
                            了本地网络,2 代表找到运营商但没有注册网络,3 代表注册
                            被拒绝,4 代表未知的数据,5 代表注册在漫游
delay(500)
readSerial(array);
if((strstr(array,"0.1")! = NULL)||(strstr(array,"0,5")! == NULL))
    {
    clearBuff();
    break;
    }
   }
```

```
}
/ * 发送英文信息 * /
void send_enghish(void)
    {
    clearBuff( );
    Serial.println(CMGF1);                          //纯文本格式
    delay(500);
    While(Hand("ok") = = 0);
    clearBuff( );
    Serial.println(SEND _MESSA _TO_ YOUR);
    delay(500);
    While(Hand(">") = = 0);
    Serial.println(SEND _MESSA _TO_ CONTENT);       //发短信内容
    delay(100);
    Serial.print"\x01A");                           //发送结束符号
    delay(10);
    While(Hand("ok") = = 0);
    }
    void setup( )
    {
    Senial.begin(9600);
    }
    设置波特率为 9600
    void loop( )
    {
    AT( );
    send_english( );
    delay(200);
    clearBuff( );
    delay(1000);
    while(1);                                       //使程序停留在这里
    }
```

在这段程序中,AT( )函数的执行相当于手机开机的过程,在确认 GSM 模块正常后, STM900A 会注册信息到网络上,注册成功后才能发送信息或拨打电话。程序编译成功后, 上传之前把 RX 和 TX 引脚拔下来,上传后再插上引脚,打开串口监视器,在看到提示注册 成功的"OK"信息之后,就可以查看目标手机是否收到相应的短信。

科学精神培养

造福人民　振兴祖国

　　科学从属于社会,科学活动受社会发展方向的制约。科技人员要服从祖国的需要,要勇于开拓,敢于负责,勇挑重担。

　　造福人民,振兴祖国是科技职业道德的核心内容,是科技人员进行科技活动的出发点和归宿,是科技人员创造成就的巨大动力,是科技人员的崇高目的,会激起科技人员不怕牺牲个人一切利益的献身精神。崇高的目的是科技人员取之不尽、用之不竭的力量源泉,是科技人员创造成就的"内推力",推动他们在科学的王国里坚韧不拔地探索、追求、创新、发明。

　　科技人员要把自己的命运同祖国的命运紧紧地联系起来,努力为祖国的建设事业贡献自己的才智。

　　科技人员要急国家所急,分秒必争,为了振兴中华忘我地工作,兢兢业业,埋头苦干,不为名、不为利、生命不息奋斗不止。要以自己的发明、发现为祖国争光,以自己高尚的人格维护祖国的尊严。只争朝夕,不负韶华!

本章习题

1.简单说说你对 Wi-Fi 的理解。
2.蓝牙的传输距离有多远?

附　录

附录 1　电子实习规章制度

（1）准时上、下课，不得无故迟到、早退、缺课。

（2）病、事假须主管部门证明，并须先得到实习老师批准。

（3）实验场地严禁抽烟，不得使用火柴、打火机。

（4）进入实验室必须穿鞋套，否则不得进入实验场所。

（5）不乱涂乱画，不随地吐痰，保持环境卫生。

（6）爱护仪器设备，操作前须熟悉正确使用方法。

（7）使用烙铁时，注意不烫伤人体、塑料导线、仪器外壳，不乱甩焊锡。

（8）所发工具、材料等不得带出实验室，实习学生每天清点一次工具、材料，实习结束后，经老师清点验收，凡丢失者，照价赔偿。

（9）实习中若不慎损坏元器件，须及时向老师报告并登记。

（10）实习时应严谨认真，不准嬉闹、追逐、聊天等。

（11）违反实习纪律者，老师有权终止违规者当日的实习。

附录 2　ASCII 值对照表

ASCII 值	控制字符	ASCII 值	控制字符	ASCII 值	控制字符	ASCII 值	控制字符
0	**NUT**	32	**（space）**	64	@	96	、
1	**SOH**	33	**!**	65	**A**	97	**a**
2	**STX**	34	**"**	66	**B**	98	**b**
3	**ETX**	35	**♯**	67	**C**	99	**c**
4	**EOT**	36	**$**	68	**D**	100	**d**
5	**ENQ**	37	**%**	69	**E**	101	**e**
6	**ACK**	38	**&**	70	**F**	102	**f**

ASCII 值	控制字符	ASCII 值	控制字符	ASCII 值	控制字符	ASCII 值	控制字符
7	BEL	39	,	71	G	103	g
8	BS	40	(	72	H	104	h
9	HT	41	)	73	I	105	i
10	LF	42	*	74	J	106	j
11	VT	43	+	75	K	107	k
12	FF	44	,	76	L	108	l
13	CR	45	:	77	M	109	m
14	SO	46	.	78	N	110	n
15	SI	47	/	79	O	111	o
16	DLE	48	0	80	P	112	p
17	DCI	49	1	81	Q	113	q
18	DC2	50	2	82	R	114	r
19	DC3	51	3	83	S	115	s
20	DC4	52	4	84	T	116	t
21	NAK	53	5	85	U	117	u
22	SYN	54	6	86	V	118	v
23	TB	55	7	87	W	119	w
24	CAN	56	8	88	X	120	x
25	EM	57	9	89	Y	121	y
26	SUB	58	:	90	Z	122	z
27	ESC	59	;	91	[	123	{
28	FS	60	<	92	/	124	|
29	GS	61	=	93	]	125	}
30	RS	62	>	94	ˆ	126	'
31	US	63	?	95	_	127	DEL

附录 3　Arduino 函数速查

结构
1. 声明变量及接口名称(int val;int ledPin＝13;)。 **2. void setup( )** 　　在程序开始时使用,在这个函数范围内放置初始化 Arduino 板子的程式,主要程式开始撰写前,使 Arduino 板子装置妥当的指令可以初始化变量、管脚接口模式、启用库等(例如:pinMode(ledPin,OUTPUT);)。 **3. void loop( )** 　　在 setup( )函数之后,即初始化之后,loop( )让程序循环地被执行。使用它来运转 Arduino。连续执行函数内的语句,这部分的程式会一直重复地被执行,直到 Arduino 板被关闭。

数字 I/O

1. pinMode(pin,mode)
　　数字 I/O 口输入输出模式定义函数,将接口定义为输入或输出接口,用在 setup( )函数里,pin 表示为 0～13 接口名称,mode 表示为 INPUT 或 OUTPUT。即" pinMode(接口名称,OUTPUT 或 IN-PUT)"。
　　例:pinMode(7,INPUT);　// 将脚位 7 设定为输入模式。
　　2. digitalWrite(pin,value)
　　数字 I/O 口输出电平定义函数,将数字接口值调至高或低、开或关,pin 表示为 0～13,value 表示为 HIGH 或 LOW,即 digitalWrite(接口名称,HIGH 或 LOW)。但脚位必须先透过 pinMode 明示为输入或输出模式 digitalWrite 才能生效。比如定义 HIGH 可以驱动 LED。
　　例:digitalWrite(8,HIGH);//将脚位 8 设定输出高电位。
　　3. int digitalRead(pin)
　　数字 I/O 口读输入电平函数,读出数字接口的值,pin 表示为 0～13,value 表示为 HIGH 或 LOW,即 digitalRead(接口名称)。比如可以读数字传感器。当感测到脚位处于高电位时回传 HIGH,否则回传 LOW。
　　例:val = digitalRead(7);　// 读出脚位 7 的值并指定给 val。

模拟 I/O
1. int analogRead(pin) 　　模拟 I/O 口读函数,从指定的模拟接口读取值,Arduino 对该模拟值进行 10-bit 的数字转换,这个方法将输入的 0～5 V 电压值转换为 0～1023 中的整数值。pin 表示为 0～5(Arduino Diecimila 为 0～5,Arduino nano 为 0～7)。即"analogRead(接口名称)",比如可以读模拟传感器(10 位 AD,0～5 V 表示为 0～1023)。 　　例:val = analogRead(0);　　　　　//读出类比脚位 0 的值并指定给 val 变数。

扩展 I/O

---

2. analogWrite(pin,value)

数字 I/O 口 PWM 输出函数,给一个接口写入模拟值(PWM 波)。改变 PWM 脚位的输出电压值。对于 ATmega168 芯片的 Arduino(包括 Mini 或 BT),该函数可以工作于 3,5,6,9,10 和 11 号接口,即"analogWrite(接口名称,数值)",pin 表示 3,5,6,9,10,11,value 表示为 0~255。比如可用于电机 PWM 调速或音乐播放。

例:输出电压 2.5 V,该值大约是 128。

analogWrite(9,128);   //输出电压约 2.5 V。

3. shiftOut(dataPin,clockPin,bitOrder,value)

SPI 外部 I/O 扩展函数,通常使用带 SPI 接口的 74HC595 做 8 个 I/O 扩展,把资料传给用来延伸数位输出的暂存器,此函式通常使用在延伸数位的输出。函式使用一个脚位表示资料、一个脚位表示时脉。dataPin 为数据口,clockPin 为时钟口,bitOrder 用来表示位元间移动的方式,为数据传输方向(MSBFIRST 高位在前,LSBFIRST 低位在前),value 会以 byte 形式输出,表示所要传送的数据(0~255),另外还需要一个 I/O 口做 74HC595 的使能控制。

例:shiftOut(dataPin,clockPin,LSBFIRST,255);

4. unsigned long pulseIn(pin,value)

脉冲长度记录函数,设定读取脚位状态的持续时间,返回时间参数(μs),例如使用红外线、加速度感测器测得某一项数值时,在时间单位内不会改变状态。pin 表示为 0~13,value 为 HIGH 或 LOW。比如 value 为 HIGH,那么当 pin 输入为高电平时,开始计时,当 pin 输入为低电平时,停止计时,然后返回该时间。

例:time = pulsein(7,HIGH);   // 设定脚位 7 的状态在时间单位内保持为 HIGH。

时间函数

---

1. unsigned long millis( )

返回时间函数(单位 ms),回传晶片开始执行到目前的毫秒,该函数是指,当程序运行就开始计时并返回记录的参数,该参数溢出大概需要 50 天时间。

例:duration = millis( );lastTime;   // 表示自"lastTime"至当下的时间。

2. delay(ms)

延时函数(单位 ms),延时一段时间,暂停晶片执行多少毫秒,delay(1000)为一秒。

例:delay(500);   //暂停半秒(500 毫秒)。

3. delayMicroseconds(μs)   延时函数(单位 μs)暂停晶片执行多少微秒。

delayMicroseconds(1000);   //暂停 1 毫秒。

数学函数

1. min(x,y)

求最小值,回传两数之间较小者。

例:val ＝ min(10,20);　　// 回传 10。

2. max(x,y)

求最大值,回传两数之间较大者。

例:val ＝ max(10,20);　　// 回传 20。

3. abs(x)

计算绝对值,回传该数的绝对值,可以将负数转正数。

例:val ＝ abs(-5);　　// 回传 5。

4. constrain(x,a,b)

约束函数,下限 a,上限 b,判断 x 变数位于 a 与 b 之间的状态。x 若小于 a 回传 a;介于 a 与 b 之间回传 x 本身;大于 b 回传 b。

例:val ＝ constrain(analogRead(0),0,255);　// 忽略大于 255 的数。

5. map(value,fromLow,fromHigh,toLow,toHigh)

约束函数,value 必须在 fromLow 与 toLow 之间和 fromHigh 与 toHigh 之间。将 value 变数依照 fromLow 与 fromHigh 范围,对等转换至 toLow 与 toHigh 范围。时常使用于读取类比讯号,转换至程式所需要的范围值。

例:val ＝ map(analogRead(0),0,1023,100,200);// 将 analog0 所读取到的讯号对等转换至 100 和 200 之间的数值。

6. pow(base,exponent)

开方函数,base 的 exponent 次方。回传一个数(base)的指数(exponent)值。

例:double x ＝ pow(y,32);// 设定 x 为 y 的 32 次方。

7. sq(x)　　平方

8. sqrt(x)　　开根号

回传 double 型态的取平方根值。

例:double a ＝ sqrt(1138);// 回传 1138 平方根的近似值 33.73425674438。

三角函数

1. sin(rad)

回传角度(radians)的三角函数 sine 值。

例:double sine ＝ sin(2);// 近似值 0.90929737091。

2. cos(rad)

回传角度(radians)的三角函数 cosine 值。

例:double cosine ＝ cos(2);//近似值:0.41614685058。

3. tan(rad)

回传角度(radians)的三角函数 tangent 值。

例:double tangent ＝ tan(2);//近似值:2.18503975868。

随机数函数

1. randomSeed(seed)
 	
 随机数端口定义函数,seed 表示读模拟口 analogRead(pin)函数。
 	
 事实上在 Arduino 里的乱数是可以被预知的。所以如果需要一个真正的乱数,可以呼叫此函式重新设定产生乱数种子。可以使用乱数当作乱数的种子,以确保数字以随机的方式出现,通常会使用类比输入当作乱数种子,藉此可以产生与环境有关的乱数(例如:无线电波、电话和荧光灯发出的电磁波等)。
 	
    例:randomSeed(analogRead(5));   // 使用类比输入当作乱数种子。
 2. long random(max)
 	
 随机数函数,返回数据大于等于 0,小于 max。
 	
    例:long randnum = random(11);   // 回传 0~10 的数字。
 3. long random(min,max)
 	
 随机数函数,返回数据大于等于 min,小于 max。
 	
    例:long randnum = random(0,100);   // 回传 0~99 的数字。

外部中断函数
1. attachInterrupt(interrupt,mode)   外部中断只能用到数字 I/O 口 2 和 3,interrupt 表示中断口初始 0 或 1,表示一个功能函数,mode:LOW 低电平中断,CHANGE 有变化就中断,RISING 上升沿中断,FALLING 下降沿中断。   **2. detachInterrupt(interrupt)**   中断开关,interrupt=1 开,interrupt=0 关。

中断使能函数
1. interrupts( ) 使能中断。   **2. noInterrupts( )** 禁止中断。

串口收发函数

1. Serial. begin(speed)
 	
 串口定义波特率函数,设置串行每秒传输数据的速率(波特率),可以指定 Arduino 从电脑交换讯息的速率,通常我们使用 9600 b/s。speed 表示波特率,如 9600,19200 等。在同计算机通信时,使用下面这些值:300,1200,2400,4800,9600,14400,19200,28800,38400,57600 或 115200 b/s(每秒位元组)。也可以在任何时候使用其他的值,比如:与 0 号或 1 号插口通信就要求特殊的波特率。用在 setup( )函数中。
 	
    例:Serial. begin(9600)
 2. int Serial. available( )
 	
 判断缓冲器状态。回传有多少位元组(bytes)的资料尚未被 read( )函式读取,如果回传值是 0 代表所有序列埠上资料都已经被 read( )函式读取。
 	
    例:int count = Serial. available( );

串口收发函数

3. int Serial. read( )

　　读串口并返回收到参数。Serial. read( )——读取持续输入的数据。读取 1byte 的序列资料。

　　例：int data ＝ Serial. read( )；

4. Serial. flush( )

　　清空缓冲器。有时候因为资料速度太快，超过程式处理资料的速度，可以使用此函式清除缓冲区内的资料。经过此函式可以确保缓冲区（buffer）内的资料都是最新的。

　　例：Serial. flush( )；

5. Serial. print(data)

　　从串口端口输出数据。Serial. print(数据)默认为十进制，等于 Serial. print(数据,DEC)。

6. Serial. print(data,encoding)

　　经序列传送资料，提供编码方式的选项。Serial. print(数据,数据的进制)如果没有指定，预设以一般文字传送。

　　例：

```
Serial.print(75);                  //列印出 "75"
Serial.print(75,DEC);              //列印出 "75"
Serial.print(75,HEX);             // "4B"(75 的十六进位)
Serial.print(75,OCT);             // "113"(75 in 的八进位)
Serial.print(75,BIN);             // "1001011"(75 的二进位)
Serial.print(75,BYTE);            // "K"(以 byte 进行传送,显示以 ASCII 编码方式)
```

7. Serial. println(data)

　　从串行端口输出数据,跟随一个回车和一个换行符。这个函数所取得的值与 Serial. print( )一样。

8. Serial. println(data,encoding)

　　与 Serial. print( )相同,但会在资料尾端加上换行字元( )。意思如同在键盘上打了一些资料后按下 Enter。

　　例：

```
Serial.println(75);                //列印出"75 "
Serial.println(75,DEC);           //列印出"75 "
Serial.println(75,HEX);          // "4B "
Serial.println(75,OCT);          // "113 "
Serial.println(75,BIN);          // "1001011 "
Serial.println(75,BYTE);         // "K "
```

附录 4　Arduino 语言库文件

官方库文件

- EEPROM：EEPROM 读写程序库
- Ethernet：以太网控制器程序库
- LiquidCrystal：LCD 控制程序库
- Servo：舵机控制程序库
- SoftwareSerial：任何数字 I/O 口模拟串口程序库
- Stepper：步进电机控制程序库
- Wire：TWI/I^2C 总线程序库
- Matrix：LED 矩阵控制程序库
- Sprite：LED 矩阵图像处理控制程序库

非官方库文件

- DateTime：a library for keeping track of the current date and time in software.
- Debounce：for reading noisy digital inputs(e. g. from buttons).
- Firmata：for communicating with applications on the computer using a standard serial protocol.
- GLCD：graphics routines for LCD based on the KS0108 or equivalent chipset.
- LCD：control LCDs(using 8 data lines).
- LCD 4 Bit：control LCDs(using 4 data lines).
- LedControl：for controlling LED matrices or seven：segment displays with a MAX7221 or MAX7219.
- LedControl：an alternative to the Matrix library for driving multiple LEDs with Maxim chips.
- Messenger：for processing text：based messages from the computer.
- Metro：help you time actions at regular intervals.
- MsTimer2：uses the timer 2 interrupt to trigger an action every N milliseconds.
- OneWire：control devices(from Dallas Semiconductor)that use the One Wire protocol.
- PS2Keyboard：read characters from a PS2 keyboard.
- Servo：provides software support for Servo motors on any pins.
- Servotimer1：provides hardware support for Servo motors on pins 9 and 10.
- Simple Message System：send messages between Arduino and the computer.
- SSerial2Mobile：send text messages or emails using a cell phone(via AT commands over software serial).
- TextString：handle strings.
- TLC5940：16 channel 12 bit PWM controller.
- X10：Sending X10 signals over AC power lines.